迷人的岩石

岩石

地球的造型师

马志飞 著

 机械工业出版社
CHINA MACHINE PRESS

本书为"迷人的岩石"系列中的一册，它为小读者讲述岩石形成的地形、地貌，展现地球上千奇百怪的岩石景观，揭示岩石的成因以及与千奇百怪的景观之间的密切关联。书中共四章：第一章讲述岩石的不同形态，比如石山、石林、石洞、石拱门等；第二章揭示岩石由于独特颜色、花纹、形态而形成的景观，比如石画、红石滩、红石峡、彩色丘陵、棉花堡等；第三章讲述岩石奇异的状态，比如风动石、试剑石等；第四章是一些世界著名的岩石奇景，如巨石阵、撒哈拉之眼、石钟山、芬格尔山洞等。

　　本书适合 7~12 岁小读者阅读，小读者可在书中看到来自世界各地的岩石景观，学会探究岩石的成因，观察岩石的形状、颜色等基本形态，欣赏岩石景观之美，破解隐藏在每种岩石奇景中的地理秘密。

图书在版编目（CIP）数据

岩石·地球的造型师 / 马志飞著. —北京：机械工业出版社，2023.12
（迷人的岩石）
ISBN 978-7-111-74353-8

Ⅰ.①岩⋯　Ⅱ.①马⋯　Ⅲ.①岩石－地貌－少儿读物　Ⅳ.①P931.2-49

中国国家版本馆CIP数据核字（2023）第229924号

机械工业出版社（北京市百万庄大街22号　邮政编码100037）
策划编辑：陈美鹿　　　　　　　　责任编辑：陈美鹿
责任校对：曹若菲　张　征　　责任印制：张　博
北京联兴盛业印刷股份有限公司印刷
2024 年 2 月第 1 版第 1 次印刷
169mm×239mm · 8.5 印张 · 85 千字
标准书号：ISBN 978-7-111-74353-8
定价：60.00 元

电话服务　　　　　　　　网络服务
客服电话：010-88361066　机 工 官 网：www.cmpbook.com
　　　　　010-88379833　机 工 官 博：weibo.com/cmp1952
　　　　　010-68326294　金 书 网：www.golden-book.com
封底无防伪标均为盗版　机工教育服务网：www.cmpedu.com

前言

PREFACE

　　如果说地球上的美景是一幅精彩绝伦的画卷，那么究竟是谁绘制了这令人惊艳的妙手丹青？

　　在这幅精彩的画卷中，既有高低起伏的山峰，也有幽静神秘的峡谷；既有奔腾不息的江河，也有支离破碎的海岸；既有五颜六色的丘陵，也有千奇百怪的岩洞……

　　当你想到山崩地裂，应该会明白这是地球内力的大爆发；当你想到海枯石烂，应该会明白这是天长日久的风化；当你想到滴水穿石，应该会明白这是以柔克刚的侵蚀。岩石就像地球的造型师，它借助来自地球内部的地壳运动和来自外部的阳光、雨水、风等诸多因素，塑造了一个又一个奇特的自然景观，给我们留下了无数如诗如画的美丽风景。

亿万年来，地球也给我们留下了许多未解之谜，而岩石就是解开这些谜底最好的钥匙。让我们带着自己的好奇心，一起走进岩石的世界，揭开和岩石有关的千奇百怪的自然现象背后的奥秘，洞悉地球上沧海变桑田的自然规律，欣赏来自世界各地的地理美景，领略动人心魄的岩石之美。

目录
CONTENTS

三

石头也爱"耍杂技"

四

石头会"魔法"

—— 一 ——

岩石上的大千世界

1. 千姿百态的石山

地球上最美的风景莫过于层峦叠嶂的山峰，然而，山峰的形态千差万别，有的雄奇巍峨，有的壮美俊秀，有的危峰兀立，有的怪石嶙峋。它们都是怎样形成的呢？

山地是一种常见的地貌，指的是陆地上海拔在 500 米以上的高地，由山顶、山坡和山麓三个要素组成。这三个要素不同的形态组合，恰恰反映了不同的地质作用，揭示了不同的形成过程。所以，地质学家在研究山地成因时，主要就是观察这三个要素，通过它们来反推山地的形成过程。

火山

意大利南部的那不勒斯湾气候宜人，风景秀丽，是著名的旅游胜地，一望无际的海滨和沿岸陡峭的山峦，吸引着世界各地的游客。然而，这里其实暗藏危机。因为，距离那不勒斯湾东海岸不远处就是大名鼎鼎的维苏威火山。尽管这座火山并不高大，海拔只有 1281 米，但它在历史上曾经造成过严重的灾难。

公元 79 年 8 月 24 日，维苏威火山突然喷发，每秒钟喷发出的滚烫熔岩和破碎的火山渣多达 150 万吨，火山灰飞升至 33 千米的高空！据估算，此次火山爆发的能量相当于日本广岛原子弹爆炸释放热能的 10 万倍。在极短的时间内，山脚下繁华的庞贝城毁于一旦，

16000 多人遇难。

如今，维苏威火山依然很危险。因为有 300 多万人生活在它的山脚下，房屋密集，人口众多，随时可能爆发的火山使这里成为世界上最具危险性的地方之一。

地球上类似这样的火山还有很多。根据火山活动情况，人们把火山分成两大类：一类是史前曾经喷发，但在人类历史时期未再喷发，而且可能不再活动的火山，被称为死火山，全球有 2000 多座；另一类是那些现在还具有喷发能力的火山，被称为活火山，全球共有 500 多座。我国东部处在环太平洋火山带上，从黑龙江向南延伸到海南岛都有过火山活动。明代著名地理学家徐霞客在云南腾冲考

霞光映照下的维苏威火山和那不勒斯湾，那不勒斯湾房屋稠密，每到夜里更是一派灯火通明的繁华景象

察时，就曾记录下活火山喷发的情形。后来，地质学家研究发现，黑龙江省五大连池火山和镜泊湖火山、吉林省长白山天池火山以及台湾省的龟山岛和彭佳屿等，都是过去几百年里有过喷发活动的活火山。

褶皱山

由火山形成的山峰只是众多山峰家族中的一员。地球上高大的山峰，一般都是由于板块相互碰撞而形成的褶皱，即褶皱山，其中，最典型的是安第斯山脉。

安第斯山脉位于南美洲，纵贯南美大陆西部，总体上与太平洋

阿空加瓜山的山顶美景 - - - - - - - -

海岸平行，全长约 8900 千米，为全世界陆地上最长的山脉。安第斯山脉的形成缘于太平洋板块向东与南美洲板块相互碰撞挤压，南美洲板块的岩层弯曲拱起，这期间伴随着多次地壳抬升、挤压变形、断层断裂以及火山喷发活动。安第斯山脉的最高峰是位于阿根廷境内的阿空加瓜山，海拔 6961 米，阿空加瓜山也是世界上最高的一座火山。

亚洲的喜马拉雅山脉、欧洲的阿尔卑斯山脉、北美洲的落基山脉……这些绵延数千千米的大型山脉都属于褶皱山。

断块山

还有一些山峰是由断裂活动造成的，被称为断块山，这种山一般是边线平直，山坡陡峻成崖，在我国华北和西北地区比较多见。

比如我国的五岳名山，除河南嵩山为褶皱山之外，东岳泰山、西岳华山、南岳衡山、北岳恒山都是断块山。这五座山峰各具特色，泰山之雄、华山之险、衡山之秀、恒山之幽、嵩山之峻名闻天下，其中的西岳华山位于陕西省华阴市境内，由巨大的花岗岩体构成。由于地层在这里发生断裂，沿着断裂面一侧上升，一侧下降，故而形成了极其陡峻的山坡，很早就有"华山自古一条路"的说法，被誉为"奇险天下第一山"。

除此之外，江西的庐山、山西的五台山、山东的沂蒙山、新疆的天山和阿尔泰山、黑龙江的大兴安岭、内蒙古的阴山等，都属于断块山。

云雾中的华山，可以看到它巨大的花岗岩体、光滑而陡峭的山坡 ------→

侵蚀山

　　严格来说，没有哪一座山是单一因素形成的，都是来自地球内部的地壳运动和来自外部的风、雨水、阳光等诸多因素的共同作用塑造的，只是起主导作用的因素略有差异而已。

　　南美洲的罗赖马山，顶部十分平坦，而四周的岩壁却十分陡峭，高差竟然达 400 多米，有人称它是"天空浮岛"。像罗赖马山这样奇怪的山峰被称为桌状山，又名方山，俗称平顶山，因四周陡峭、顶平如桌面而得名。罗赖马山深部的基础是古老的火成岩，上面覆盖着沉积而成的砂岩，早期的地壳运动造成地面抬升形成高原，而后流水不断在高原上切割出峡谷，经年累月之后，就形成了桌状山。

位于南美洲委内瑞拉、巴西和圭那亚交界处的罗赖马山，
远看俨然是放在那里的一张巨大石桌

在我国境内也有类似的景观，比如四川的瓦屋山，平台上纵横
交错的溪流沿着陡峭的绝壁倾泻而下，形成许多壮观的瀑布。江苏
南京的方山，山体呈方形，孤耸绝立，远望如一方印，四角方正，
故而又名天印山。

除此之外，还有一类独特的山峰，名曰离堆山，顾名思义，它
原本是大山的一部分，只是由于河流的冲击侵蚀而被切穿，形成了
一座被废弃的曲流所环绕的孤立小山丘。例如，安徽省宿松县东南
约 60 千米处，有一座高约 78 米的小山矗立在长江边，它三面环水，
一面靠岸，岩壁陡峭，形似悬钟，又似古代女子头上的发髻，在一
望无际的平原上显得极为突兀。人们称这座小山为小孤山，实际上
它是一座离堆山。地质专家调查后发现，小孤山与长江对岸的澎浪

矶原本是连在一起的，后来，在长江的侵蚀作用下，沿着断层构造被截断，从而形成了形单影只的离堆山。

最小的山与最大的石

在山东省寿光市孙家集街道的一片农田里，有一块石头成了"网红"。它长约 1.24 米，宽约 0.7 米，最高处距地表仅 0.6 米。由于长期以来它的高度一直没有变化，始终安安静静地隐藏在农田之中，故而得名静山，并被称为"全国最小山""天下最小山"。如果严格按照山的定义来判断，它算不上是一座山，但早在民国时期就有人在静山旁挖土，挖了很久也挖不到底，1958 年又有人前来挖掘，还是没挖到底，于是民间就说它是座山。关于它的成因，在当地已经争论了几十年，迄今为止仍然没有定论。

让人觉得十分有趣的是，在澳大利亚中部有一块巨大的岩石，长约 3 千米，宽约 2 千米，高 348 米，周长约 9.4 千米，傲然屹立在广袤而又平坦的戈壁滩上，突

兀的身躯与周围环境格格不入。关于它的来历，有科学家认为是 3 亿年前的地壳运动挤压造成的隆起，还有的科学家认为它是数亿年前坠落的一块陨石，露出地表的只是冰山一角，更多的部分仍然深埋于地下深处。当地的土著人将其奉若圣石，称它为乌鲁鲁，而官方的名字则是艾尔斯岩或者艾尔斯巨石，并没有把它称为山。

寿光的静山与澳大利亚的艾尔斯岩，一个被认为是"天下最小山"，一个却被称为"世界上最大的石头"，二者对比，山竟然远比石头还小，是不是感觉十分有趣又十分奇怪呢？

艾尔斯岩，这块红褐色的巨大岩石恰好位于澳大利亚大陆的中央位置，被称为"澳大利亚的红色心脏"

2. 鬼斧神工的石林

云南省昆明市石林彝族自治县境内，在面积约 400 平方千米的范围内，分布着不计其数的石柱，高度为 20~50 米不等，有些类似人像，有些貌若怪兽，造型各异，千姿百态，远远望去犹如一片森林，这就是著名的石林。

石林究竟是如何形成的呢？除了常见的石灰岩石林以外，还有哪些常见的石林景观呢？

云南石林

在我国云南一直流传着阿诗玛的传说。故事里，美丽的姑娘阿诗玛原本与青梅竹马的阿黑订了婚，不料竟遭到财主儿子抢亲，为了救出阿诗玛，阿黑与财主父子斗智斗勇，历经磨难。不幸的是，阿诗玛却在过河时被洪水冲走了，最后，她变成了一座石峰，无论风霜雨雪，都在那里翘首以盼，等待阿黑哥的到来，无论谁怎么喊她，她都会用同样的回声来回答。传说，这座石峰现在还完好地矗立在那里。

阿诗玛的传说悲怆而又感人，当我们走进云南石林，看到那些鬼斧神工、栩栩如生的奇山怪石，更会多一分惊讶和赞叹。从成因上看，云南石林属于典型的岩溶景观。由于我国西南部的云南、贵州、广西等地分布着大量的石灰岩，地表水及地下水沿着石灰岩表面及节理裂隙不断溶蚀，常常会形成溶沟、石芽、溶蚀洼地、峰林、石林等各种岩溶景观，桂林山水、云南石林都是其中的典型代表。在距今 2.7 亿年前后，云南石林这一带为滨海 – 浅海环境，沉积了上千米厚度的石灰岩、白云岩等碳酸盐岩，为石林的形成提供了物质基础，而后经过长期的地壳运动，抬升变成陆地，在地表水及地下水的溶蚀作用下，最终形成了如今美丽的石林地貌。

我国与之类似的石林还有四川省南部宜宾市兴文世界地质公园、福建省西部宁化县境内的天鹅洞群国家地质公园、湖南古丈红石林国家地质公园等。

- - - - - - - 云南石林

莫诺湖"水上石林"

有时候,石灰岩还会在水中形成石林,美国加利福尼亚州的莫诺湖就是以"水上石林"而著称。

莫诺湖长约21千米,宽约15千米,形成至今已有76万年之久。这里原本是一个内陆盆地,由于地壳运动形成了凹陷盆地和周围隆起的山脉,内陆河的流水向盆地汇集,最终成为湖泊。然而,由于莫诺湖没有排水口,携带着大量盐分的河水流进来之后,只能通过蒸发和下渗排出,而盐分则越积越多,最终变成了高浓度的盐碱湖。由于这里的环境非常不适于生物生存,而被著名作家马克·吐温称为"世界上最孤寂的地方"。

莫诺湖最特殊的地方并不是含盐量,而是那些高耸在水面上的石柱,它们高矮不一,造型各异,仿佛一片远古时代的丛林。其实,

莫诺湖的水上石林景观

这些石柱都是典型的石灰华，是在中低温环境下形成的石灰岩。地质学家研究发现，莫诺湖的底部有泉眼，富含钙离子的地下水进入莫诺湖之后就会逐渐沉淀在泉眼周围，有的像树枝，有的像水草，还有的像葡萄，一层一层累积，历经几千年之久便可长至数米高。

塞尔维亚的"魔鬼城"

位于巴尔干半岛中部的塞尔维亚，虽然国土面积很小，却是连接欧洲、亚洲、中东和非洲的交通要地。这里有许多美丽而又有趣的地理奇观，其中就包括著名的"魔鬼城"。

当你走进塞尔维亚南部的拉丹山，一定会被那些奇岩怪石所吸引。成片分布的石柱拔地而起，高矮不一，如同烟囱一样，低的约2米，高的可达15米，数量多达202个。每一根石柱顶端都压着一块黑色岩石，恰似戴着帽子的怪物。若置身其中，就像是走进了不见尽头的迷宫，令人不寒而栗。因此，当地人称之为"魔鬼城"。

其实，塞尔维亚的怪石柱都是大自然的杰作，一切关于魔鬼的故事都是耸人听闻的传说而已。数百万年来，厚厚的岩浆岩在长期的风吹与流水侵蚀作用下形成深浅不一的沟壑，岩石沿着垂直节理垮塌形成陡壁，松散的岩块被流水冲走，坚硬的部分屹立不倒，最终形成鳞次栉比的石柱。距离"魔鬼城"不远处，有一条流水潺潺的小溪，溪水呈现出不同寻常的红色，原因在于流水侵蚀山上的岩石时，大量地溶解了其中的铁离子，被氧化之后就变得如同血色。这也恰恰证明了"魔鬼城"的成因与流水侵蚀密切相关。

塞尔维亚的拉丹山，石柱看上去千沟万壑，像被造物主用铁刷子刷过一样

此外，中国还有著名的黄河石林，位于甘肃省白银市景泰县东南部的龙湾村，是由砂砾岩组成，因岩石本身的热胀冷缩、冰雪的冻融作用、雨水的冲蚀以及风力的侵蚀作用等而形成。内蒙古克什克腾旗的阿斯哈图石林，是由花岗岩组成，经过冰川的侵蚀作用，一部分岩石崩裂被带走，只有一部分位于山顶或山脊的岩石残留下来，所以形成了独特的冰川石林，既有花岗岩地貌的特征，又具有冰川地貌的特征。

石林如同鬼斧神工的天然雕塑，向我们展现了大自然神奇的魔力。当我们置身于石林之中，才能真真切切地感受到什么叫"以柔克刚"，正是那柔弱的风和流水的长期侵蚀，才将坚硬的岩石变成了千峰竞秀、危峰兀立的地质奇观。

3. 千奇百怪的石洞

地球上有很多洞穴，它们有的深埋于大地深处，有的隐藏在茫茫大海，有的高大宽敞如宫殿，有的绵长蜿蜒如隧道，形态千奇百怪，内部险象环生，吸引着无数探险家。不同类型的洞穴有哪些特点？它们究竟是如何形成的呢？

溶洞：错综复杂的地下迷宫

"桂林山水甲天下"，即使你没有去过桂林，也一定听过溶洞、石笋、钟乳石这些词，它们都是典型的喀斯特景观。虽然世界上已经发现了许多同类地貌，但要了解"喀斯特"最初的命名地，我们仍然需要到斯洛文尼亚去看一看。

在斯洛文尼亚与意大利交界处有一座高原名为"Karst"，音译即为"喀斯特"。虽说这里是一望无际的高原，但其实细看表面沟壑纵横，而且地下到处都是大大小小的空洞，其中最著名的当属斯科契扬溶洞。它全长6000多米，深入地下约200米，洞里不仅有湍急的地下河、飞流直下的瀑布、视觉已经退化的盲鱼，还有许多挺拔的石笋和粗壮的石柱，造型奇特，蔚为壮观。

沿着斯科契扬溶洞向里走去，你会感觉它时而狭窄、阴暗，时而宽阔、明亮，其中有一个高约40米、面积约3000平方米的大洞，仿佛一座巨大的音乐厅，能够容纳数千人，曾有乐队专门在这里举办音乐会，那绕梁不绝的音响效果令人惊叹不已。

斯科契扬溶洞内的蜿蜒小径，依稀可见远处流淌而过的地下河 ------↑

　　之所以能形成如此巨大的溶洞，一方面是因为这里分布着大面积的石灰岩，另一方面归功于数百万年以来的流水冲刷。可别小看那些不起眼的小水滴，尽管它们在坚硬的石头面前显得弱不禁风，但水滴石穿的力量不容小觑。无论多么大的溶洞，都是在悄无声息的小水滴的侵蚀下发展起来的。1893 年，前南斯拉夫学者司威依奇考察了喀斯特高原的溶洞之后，首次使用"喀斯特"一词作为岩溶现象的名称，后来就成了世界各国通用的专门术语。现如今，地质学家在世界各地发现了许多大大小小的溶洞，比较著名的有我国贵州的织金洞、越南的韩松洞、美国的猛犸洞、马来西亚婆罗洲的鹿洞以及新西兰怀托摩的萤火虫洞等。

蓝洞：仰望天空的"海洋之眼"

中美洲东北部的伯利兹距离海岸约 70 千米的海面上，有一片巨大的深蓝色水域，呈现出完美的圆形，如果从高空俯瞰，就像是大海的眼睛凝视着天空，所以也有人形象地称之为"海洋之眼"。其实这个海洋之眼只不过是一个洞穴而已，名为"大蓝洞"，周围是一圈珊瑚礁，直径约 300 米，深约 124 米。最初，它是水面之上的一个石灰岩洞穴，坑壁上长满了稀奇古怪的钟乳石，大约在 6.5 万年前被海水淹没，变成了如今的模样。

海洋蓝洞是一种特殊的地质奇观，极为罕见，除了伯利兹大蓝

- - - - - - - - 神秘的伯利兹大蓝洞

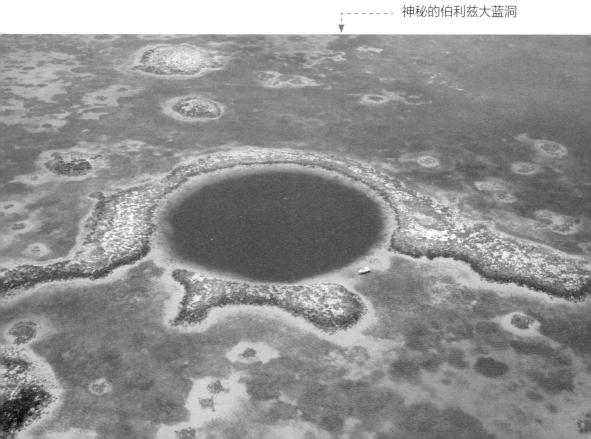

洞之外，巴哈马、埃及、马耳他等少数地方也发现过海洋蓝洞。我国在西沙群岛也发现了一个海洋蓝洞，探明深度为 300.89 米，是世界上已知最深的蓝洞，在 2016 年被命名为"三沙永乐龙洞"。当地渔民则认为它是"南海之眼"，还有人说它是南海龙宫的入口，种种传说给它增添了无穷的趣味和无限的神秘感。

火山洞：亿万年前的熔岩隧道

韩国济州岛中央的汉拿山是一座死火山，大约在 120 万年前，这里的海底火山开始喷发，约 10 万年前形成了汉拿山，但迄今为止这里依然保存着许多火山遗迹。

由于玄武岩浆的温度高达 1000~1200℃，黏度较小，流动时受到的阻力较小，从火山口流出之后能够迅速流淌到很远的地方。但是，顺着陡峭的沟谷一边流动一边冷凝，就会出现奇怪的现象，熔岩的外层冷却凝固成为硬壳，然后阻止内部热量散发，使内部炙热的岩浆继续顺沟谷流动，一旦流尽就会形成一条奇怪的通道，仿佛人工掏空的一样，这就是熔岩隧道。济州岛上的"万丈窟"就是这样一处火山洞，是不是仅听名字就给人一种深不可测的感觉？

万丈窟全长约 7.4 千米，主洞宽 18 米，高约 23 米，号称世界上最长的熔岩隧道。据走进过万丈窟的人说，那里不冷不热，常年温差很小，舒适宜人，有很多珍稀生物生活在其中。不过遗憾的是，目前它只被开发了 1 千米的长度，绝大部分的洞窟普通游客还难以见到。

矿洞：采矿工人的艺术殿堂

在波兰南部的克拉科夫有一座著名的矿山，名为维利奇卡盐矿。从 13 世纪开始就已经开采，地下分布着 2000 多个大大小小形状不一的矿洞，巷道总长度超过 287 千米，矿井最深处达 327 米，每一个矿洞、每一米巷道都是矿工们辛勤劳作的成果。

维利奇卡盐矿中的盐岩在自然状态下是灰色的，而不是大家想象得那么洁白无瑕。尽管如此，心灵手巧的采矿工人竟然将它雕刻成了一座地下艺术殿堂。这里有一个地下博物馆，展示的是当年矿工们开采盐矿的各种工具和劳动场景。几百年来，多才多艺的矿工们在盐矿中雕刻出了大量艺术作品，包括几十个雕像、四个大厅，

波兰维利奇卡盐矿中的一座大厅，也是一所教堂

而他们的原料都来自石盐。其中，最著名的是一座长 54 米、宽 18 米、高 12 米的大厅，据说建造时共挖出了 2 万多吨石盐，自 1896 年开始，花费了 67 年时间才建成。大厅中的雕像、壁画、吊灯等装饰惟妙惟肖，精彩绝伦，中间有一幅依照达·芬奇的名画《最后的晚餐》雕刻的作品更是令人赞不绝口。

大家也许会感到好奇：我们生活中所见到的盐都是小小的颗粒，怎么能用来进行雕塑创作呢？原因在于，维利奇卡盐矿中的盐属于石盐，具有较大的厚度和较好的完整性、连续性，故而能够用来进行雕刻。而维利奇卡盐矿中大厅顶上的吊灯，则是用溶解的石盐经人工控制重新结晶而成的，所以既具有特殊的形状，又如同玻璃一般光彩夺目。

知识挖掘站

洞穴探险可能遭遇哪些危险？

💡 迷失方向。洞穴中充满了未知，容易让人迷路。探险家都是集体行动，通常是在前进途中拉上一条绳子，只要顺着绳子走，就能沿原路返回。

💡 缺氧窒息。二氧化碳比氧气的密度大，易于下沉至洞穴，浓度过高会使人窒息。有时候洞穴中还存在氨气等有毒气体，过量吸入能够引发呼吸道疾病。

💡 危险生物。地下洞穴可能是熊、蛇、蚰蜒等生物的栖息地，也可能是某些病毒和细菌的藏身之所。科学家就曾在婆罗洲的鹿洞发现了 6 万年前的细菌。

💡 湿度异常。地下洞穴阴暗潮湿，让人无法长时间忍受。2016 年夏季，欧洲空间局组织航天员在意大利撒丁岛开展洞穴生存训练，洞穴里的温度常年维持在 14~15℃，相对湿度 99.9%，很多人在晚上睡觉时会被冻醒。

💡 水位上涨。地下河的水位随季节变化，若遇暴雨可能会灌满洞穴。2018 年，泰国一支少年足球队在洞穴里集体失踪，罪魁祸首就是连日降雨导致洞中水位升高，把他们围困在洞里面，幸运的是，后来他们全部被营救出来。

💡 通信不畅。洞穴内一般都没有手机通信信号，一旦遇险很难发出求救信号。

此外，还可能面临洞穴坍塌、被狭缝卡住、饮用水缺乏等意外情况。

4. 惟妙惟肖的石拱门

桥是人类建造的最古老、最壮观的建筑工程之一。然而，地球上有一种奇怪的桥并非出自人类之手，它们是横跨沟谷或河流上的天然岩体，因形似拱桥而得名"天生桥"或"石拱门"，古人见其造型奇特，美其名曰"仙人桥"。你知道它们是怎样形成的吗？究竟在哪里才能找到它们的身影呢？

不同的天生桥，成因略有差异。有些是雨水冲刷而成，有些是海水侵蚀而成，有些是风力吹蚀而成。目前已经发现的天生桥主要

美国犹他州拱门国家公园的天生桥景观 - - - - - - -

集中在美国西南部的科罗拉多高原砂岩分布区，那里的犹他州拱门国家公园分布着 2000 多个大大小小的天生桥。我国也有许多天生桥，主要集中在西部和南部的石灰岩分布区及砂砾岩分布区，比如广西凤山县、贵州黎平县、重庆武隆区、湖南张家界、广东丹霞山、江西龙虎山等地，此外在一些海岸附近、黄土地区也偶有发现。

滴水穿石的杰作——喀斯特天生桥

我国广西乐业县的布柳河，穿越峡谷蜿蜒流过，两岸风光秀丽，植被茂盛，河流中间横跨着一座巨大的石桥，当我们乘船从桥下经过，抬头仰望，映入眼帘的石桥就像一条弓起身子的巨龙横卧河上。它的跨度达 177 米，桥宽 19.3 米，桥身厚 78 米，号称世界上最大、最美的水上天生桥。

在很久以前，布柳河两岸的山脉连成一片，由于流水顺着低洼的谷底穿过，逐渐将大山中间掏出一个洞，而上面的拱形依然屹立不倒，最终变成了现在的模样。当地分布着大量石灰岩，周边地区有举世罕见的天坑群、错综复杂的地下河系统、鳞次栉比的峰丛地貌。在酸性水的作用下，石灰岩中的碳酸钙容易溶解，从而形成天坑和溶洞等岩溶地貌（也称为喀斯特地貌），布柳河仙人桥就属于此类。

广西桂林也是以喀斯特地貌而著称，奇峰怪石随处可见，其中在桂林市阳朔县十里画廊景区有一座小山名为"月亮山"，山腰中间有一个大圆洞，高约 50 米，宽约 50 米，远望如一轮明月挂在天上。它也是天然形成的石灰岩拱门，同样属于喀斯特地貌。

广西桂林十里画廊景区的月亮山 - - - - - -

风力侵蚀的奇观——阿图什天门

在我国新疆维吾尔自治区阿图什市上阿图什镇的一条幽深的峡谷中，隐藏着世界上最高的天然拱门，当地人称之为阿图什天门，也被称为希普顿拱门。

1947年，一位名叫艾瑞克·希普顿的英国探险家在野外无意中发现一座呈倒U字形的天然石桥横跨峡谷两岸。在此之前，从未有人见过这么高的天然拱门，希普顿试图攀登拱顶，但最终没能成功。2000年，一支科考队重新发现了它，并借助现代攀岩技术登上拱顶，测得它的高度为457米，宽约100米，堪称地球上最高的石拱门。

阿图什天门

阿图什天门究竟是怎样形成的呢？地质学家研究发现，这里的岩层是以砂砾岩为主的沉积岩，岩石本身的热胀冷缩、冰雪的冻融作用、雨水的溶蚀以及风力的侵蚀都会引发岩石的崩塌破坏。在海拔 3000 多米的天山上，干燥的空气长期在狭窄的山谷快速流动，不断侵蚀着岩壁，最终凿出了一个通风口，即如今的阿图什天门。

亿万年的印记——火山岩天生桥

火山岩在我国东南沿海一带十分常见，而浙江雁荡山属于其中一座最具代表性的火山，它完整记录了距今 1.28 亿~1.08 亿年前火山爆发、塌陷、复活隆起的地质演化历史。雁荡山也有一座气势宏伟的天生桥，长 37 米，平均宽度 8 米，孔深 20~25 米，置身桥下仰望，你会看见它划过一道优美的弧线高高矗立在山间，令人惊叹不已。与众不同的是，这座天生桥是由流纹岩组成，那是岩浆被喷到空中而急速冷却后形成的一种岩石。仔细观察这些岩石，我们可以清晰地看到平行排列的特殊构造——流纹构造，它的纹路显示了熔岩流动的方向，流纹岩的名字也正是因此得来。

海南省海口市秀英区石山镇荣堂村有一处著名的景观，名为七十二洞，它原本是火山喷发形成的熔岩隧道，因玄武岩在流动过程中外层逐渐冷却凝固，而内部岩浆继续顺沟谷流动形成通道，后来在长期的风化和侵蚀过程中逐渐崩塌，于是就在隧道入口处形成了天生桥。

山与海的博弈——海蚀拱桥

广西桂林有一座大名鼎鼎的象鼻山，因酷似一头站在江边伸鼻饮水的巨象而得名，而在大海之滨也有一些与它相似的景观，被称为海蚀拱桥（或称为海穹）。如果非要说出它们之间的区别，那就是桂林的象鼻子"喝"的是江水，而海蚀拱桥"喝"的是海水。

"恐龙探海"是辽宁大连滨海国家地质公园最著名的一处景点。当潮水上涨时，远远望去，它就像一只巨大的恐龙把头探进海水里；当潮水退去，它又像是恐龙把海水吸干了一样，惟妙惟肖，栩栩如

------- 辽宁大连滨海国家地质公园的恐龙探海景观

生。其实，它是岬角（伸入海洋之中的尖角形陆地）的残留物。海岸经常遭受海水侵蚀，从而形成海蚀崖、海蚀柱、海蚀洞等多种侵蚀地貌，当海蚀洞的两侧继续遭受波浪的冲蚀而相互贯通，最终就会形成海蚀拱桥。类似的景观还存在于河北秦皇岛北戴河海滨、浙江沿海诸岛等地。

除了上述几种天生桥之外，在我国西部黄土地区也偶尔出现黄土天生桥，例如陕西省洛川县境内。由于土壤中的矿物颗粒被地下水溶解并冲走，即发生所谓潜蚀作用，黄土会沉陷变成坑状，随着进一步发展直至两个陷坑之间贯通形成拱桥状，就形成了黄土天生桥。与岩石相比，黄土更容易被流水侵蚀，因此，这种天生桥不仅规模相对较小，而且难以长久保存。

5. 支离破碎的海岸

英格兰东南部的海岸边矗立着一座名为"贝尔·托特"的古老灯塔，一百多年来，它在高高的悬崖上默默地为航船照亮回家的路，然而，悬崖步步逼近，让它时刻面临着跌落倒塌的危险，于是人们在 1999 年将其向后迁移。谁曾想到，如今贝尔·托特灯塔的主人又计划给它搬家了。这究竟是怎么回事呢？

不断后退的海岸

贝尔·托特灯塔坐落在英国东萨塞克斯郡伊斯特本市，始建于

1832年，塔高约14米，总重量达850吨，塔身全部采用坚硬的花岗岩，历时两年多的时间才最终建成并投入使用。奇怪的是，自从这座灯塔建成之后，它距离海岸的悬崖边缘就越来越近，最近的时候仅相距3.5米。于是，贝尔·托特灯塔成了不折不扣的"危房"。后来，有人看上了这里别具一格的风景，将其长期租赁下来，并想方设法把它向内陆迁移。要移动这个庞然大物可不是件容易事儿，人们使用液压千斤顶，往它下面塞了4根涂满润滑油的圆木作为滚轮，推着它缓缓移动。最终，以花费25万英镑为代价，将贝尔·托特灯塔向内陆迁移了17米。

贝尔·托特灯塔从当初破败不堪的模样变成了一座时尚的海景酒店，里面有卧室、厨房、餐厅、阁楼，被誉为"英国最著名的

贝尔·托特灯塔和白垩悬崖，后者也是英国最高的海岸悬崖

有人居住的灯塔"。住在这样的海景房里，举目远望，海天一色，听海浪拍打岩石，看夕阳缓缓降落，令人心旷神怡。然而，当初人们预想灯塔内迁至少可以保证它在未来50年内平安无事，而短短20多年之后，人们又开始为它担心，新的搬迁计划又被提上了日程。

灯塔搬家是迫不得已而为之。造成这种情况的原因就在于海岸侵蚀。贝尔·托特灯塔所在地是十分独特的白色断崖，整个海岸都是由白垩岩组成，放眼望去一片洁白。地质学家研究发现，这些白色岩石形成于上亿年前的白垩纪时期。当时的海洋中生活着很多远古生物，其中拥有钙质骨骼的生物死后，在海底慢慢沉积，最终形成白垩岩。然而，白垩岩是一种疏松的土状石灰岩，主要化学成分是碳酸钙，易被海水溶解破坏。在长年累月的侵蚀作用下，白垩悬崖底部从最初的凹槽逐渐扩大变成海蚀洞，最后崩塌而形成陡峭的崖壁。

"十二门徒石"的命运

在澳大利亚维多利亚州坎贝尔港国家公园壮丽的海岸线上，有一处十分著名的自然景观，名为"十二门徒石"，据说是由12块造型独特的天然岩石组成。然而，当我们沿着风景秀丽的景观大道大洋路来到它们身旁时，却发现它只有8块，这究竟是为什么呢？

"十二门徒石"的高度大约为45米，距离海岸100米左右，沿着海岸散落在两三千米的范围内。它们大小不一，形态各异，仿佛是巨大的擎天柱，在日出日落时分，披上金黄色外衣的石柱又如同是镇守海岸的卫士，威风凛凛，器宇不凡。

"十二门徒石"的岩性是典型的石灰岩，与岸边的岩石完全一致，而且层理相同，这表明它们和岸边的岩石原本是连在一起的。在来自南大洋的风暴和昼夜不停的海浪冲击下，相对软弱的石灰岩被侵蚀，有些地方形成了陡峭的悬崖，有些地方则形成了凹陷的洞穴，之后洞穴被掏空，就变成了天然拱桥，拱桥一旦倒塌，就形成了高大而孤立的石柱。当然，这个过程是极其漫长的，"十二门徒石"形成至今，已经历经了大约 2000 万年的时间。

距离此处不远的地方，有一座天然的双拱桥，因酷似著名的伦敦桥而被命名为伦敦拱门，遗憾的是，在 1990 年 1 月 15 日，伦敦拱门与大陆相连的部分轰然倒塌，现在只留下一个拱门，孤零零地

晴空下的"十二门徒石"景观

屹立在大海之中。从伦敦拱门的倒塌，我们就能联想到"十二门徒石"的形成过程。

或许在形成之初，"十二门徒石"远不止 12 块，只是后来在海水的继续侵蚀之下而逐渐倒塌了。2005 年 7 月 3 日，一对来自悉尼的夫妇带着 15 岁的儿子来到"十二门徒石"景区，就在他们拍照时，其中一座石柱轰然倒塌。幸运的是，他们竟然抓拍到了这最后的瞬间。倒下的石柱原本高达 50 多米，转瞬之间变成了一堆碎石，坍落的碎石堆积在海水中，仍比海平面高出了 10 米。就这样，"十二门徒石"在海水的继续侵蚀之下相继倒塌了，从最初的 12 块变成了如今的 8 块。

藏在洞中的"秘密海滩"

在墨西哥班德拉斯海湾的辽阔海域，散布着几个小岛，合称为马里塔群岛，其中一个小岛南北长约 800 米，东西宽约 600 米，从上空俯视，会发现这里存在一个直径约 30 米、近乎圆形的大坑，坑里的水面波光粼粼，仿佛一座火山口湖。可是当你走进里面时就会惊奇地发现，这个大坑如同一只口小肚大的瓮，上面有坚硬的岩石、绿色的植被，里面则是深蓝色的海水，还有一片洁白的沙滩。

远道而来的游客在沙滩上奔跑嬉戏，如同来到与世隔绝的世外桃源，所以称这里为"秘密海滩"。然而，要想走进"秘密海滩"并非易事，目前只有两种途径：一种是乘坐直升机在岛上降落，然后从顶部爬下来，但这种方式被当地明令禁止；另一种是乘坐游船到达小岛附近，然后游泳或者潜水穿越一道 24 米长的狭窄通道才能到达海滩。

"秘密海滩"是如何形成的呢？有资料表明，在 20 世纪初，无人居住的马里塔群岛成为军事实验区和火炮试射的靶子，无数呼啸而来的炮弹将这里炸得千疮百孔，岛上大大小小的洞穴就是炸弹爆炸的遗迹，"秘密海滩"所在的圆坑只不过是其中最典型的代表。

火炮轰炸只是外部因素，更重要的原因在于这些小岛内部早有空洞。有传说认为，很早以前，海盗就已经发现了这些小岛的秘密，并把这里作为藏宝之地。其实，马里塔群岛是火山作用形成的，距今有 6 万年的历史。通常情况下，火山熔岩的温度高达 700~1200℃，一边流淌一边冷凝，熔岩的外层首先冷却凝固成为硬壳，阻止了内部热量散发，使内部炽热的岩浆继续顺沟谷流动，

-------- "秘密海滩"在晴空下的景象

一旦流尽，就会形成一条奇怪的通道，即熔岩隧道。火山与海水的较量此消彼长，火山喷发使得小岛越变越大，而海水的侵蚀则使其越来越小，无论是海浪的拍打还是海水的化学侵蚀，都在日积月累地破坏着岛上的岩石，后来海水侵蚀打通了原本就存在的熔岩隧道，里面注满海水，最终塑造了这片美丽而独特的"秘密海滩"。

海洋侵蚀作用一刻也不停息，这就意味着"秘密海滩"时刻在发生着变化。有学者认为，在自然侵蚀条件下只需几千年的时间这些小岛就会消失，"秘密海滩"也将随之覆没。

海岸侵蚀的潜在威胁

在很多人眼中，海蚀地貌常常是迷人的美丽风景，但对于沿海的土地和房屋、道路等工程设施而言，海岸侵蚀却是一种严重的地质灾害。一方面，海岸侵蚀会造成滨海土地面积损失；另一方面，它还可能危及港口、建筑的安全。

造成海岸侵蚀的因素有很多，主要包括风浪、海潮、海啸等对海岸的拍打、冲击和淘蚀作用。风浪虽然传播方向变化不定，但它无时无刻不在，可对海岸造成较强的侵蚀作用。海潮是海水在天体引潮力作用下发生的涨落运动，日复一日，破坏力长期存在，有时候由风、气压、降水、结冰和融冰等气象因素的变化引起的海面涨落现象（即所谓气象潮）也会引起海岸淹没和塌陷。海啸则是由于海底地震、海底火山爆发及大风暴等引起的巨浪，当它逐渐逼近海岸时，能量就会不断聚集，瞬间形成巨大的水墙，一股脑地倾泻出去，对海岸造成巨大破坏。

海岸侵蚀是长期存在的自然现象，岩石与海洋的长期斗争，既让我们看到了海洋强大的破坏力，同时也给我们敲响了警钟，如何采取有效措施保护与修复海岸带，抵御海洋灾害，将是许多国家和地区共同面临的课题。

二

石头的"艺术范"

1. 活灵活现的石画

绘画是一门令人陶醉的艺术，无论是简简单单的人物形象勾勒，还是浓墨重彩的山水风景描绘，都需要一定的技艺。然而，在一些石头中竟然隐藏着罕见的天然绘画，这究竟是怎么回事？谁是幕后的创作者呢？

海百合：远古时期的"石画天雕"

2016 年 7 月，中国地质博物馆举办了建馆 100 周年成就与精品展，无数奇珍异宝纷纷亮相，其中最引人注目的当属那块摆放在走廊中间的巨型海百合化石标本，在一块长 11.3 米、高 2.2 米的黑灰色岩石上如同浮雕般展现着一簇簇花朵，有的花枝招展，有的含苞待放，千姿百态，令人眼花缭乱。

海百合化石 ------▲

它看起来像某位画家的杰作，其实却是远古时期的化石，名为海百合。海百合因外形似百合花而得名，可实际上它们并不是植物，而是属于棘皮动物，出现于4.8亿年前的奥陶纪时期，主要生活在浅海地区。后来，它们经历了从繁盛到衰败，绝大部分迅速退出历史舞台，只有少部分种类幸存至今，并转入深海地带生活。成群结队的海百合在海水的波动下有规律地舞动，装饰了美丽的海底花园，有人称它们是美丽的"海中仙女"。

海百合化石

海百合化石

海百合保存下来的化石很多，其中以欧洲阿尔卑斯山地区和我国贵州的数量最为丰富。但是，人们通常所能见到的海百合化石多为茎化石，具有完整躯体结构的极为少见。产自贵州关岭三叠纪地层中的海百合化石不仅体积庞大、结构完整，而且常常以集群的"花园"形态被整体保存下来，所以倍显珍贵。

虽说海百合之名源自于百合花，但是当你仔细观察时就会发现，那些凝固在岩层中的海百合化石更像一朵朵出淤泥而不染的荷叶，修长纤细的茎拖着硕大的荷叶，亭亭玉立，仪态万千。除了重要的科研价值之外，这些化石经过专业技术人员修复之后如同国画画师笔下的水墨丹青，还具有很高的观赏价值，因此被人们称赞是"石画天雕"。

在英国伦敦的泰晤士河南岸有一座历史悠久的建筑，名为皇家节日大厅。设计师在建造这座建筑时，对每处细节都精雕细琢，尽可能地使它充满十足的艺术范儿。细心人会注意到，那光洁明亮的墙壁和地板上到处是错综复杂的图案，看似一片混乱，其实都是石材的天然图案，因为它们都是古生物海百合的化石碎片。

云母：七彩"千层纸"

云母，我国古人也称之为云英，因为它的颜色丰富似云彩，故而得名。它其实是一种含有钾、铝、镁、铁、锂等金属元素的层状硅酸盐矿物，主要产于花岗岩、伟晶岩及云母片岩中。它分为很多种，包括白云母、黑云母、金云母、锂云母和铁锂云母等。之所以具有不同的颜色，是由于其中所含不同的金属元素所致，一般含铁元素的种类颜色偏深，含铝和镁的种类颜色则偏浅。

白云母

由于云母质地柔软，莫氏硬度为2~3，晶体形态通常为板状或片状，可以沿着解理面剥成一层一层极薄的薄片，其厚度只有0.025~0.125毫米，因此被人们形象地称为"千层纸"。

云母上面常常有天然形成的纹路，充满了诗情画意。在我国古代，人们用云母制作屏风，放在屋子里挡风，也可以起到分隔空间、遮挡视线和室内装饰的功能，还可以将它裁切做成窗户，可以抵御寒风，还具有半透明的效果。有时候，人们还会将云母安装在车上，称为云母车，仅限于帝王及王公贵族使用。至于它究竟是作为封闭车厢的窗户，还是仅选取云母碎片作为装饰，迄今仍是未知。

黑云母

锂云母

金云母

铁锂云母

菊花石：精美的石头会开花

位于湖南省东部湘赣边界的浏阳市，山清水秀，历史悠久，这里不仅有"弯过了九道弯"的浏阳河，还有举世闻名的"三花"：一是璀璨夺目的烟花，二是大围山漫山遍野的杜鹃花，三是在石头中绽放的"菊花"。

石头中为什么会有菊花呢？当地有个传说，说是天上的仙女因爱恋人间的美好，将菊花撒落到浏阳河，菊花沉入河底，被永远地封存在石头中。其实，石头中的菊花并不是真正的菊花被封印其中，而是形成于沉积岩中的柱状矿物晶体。这些晶体在结晶过程中以一点为中心，由内向外呈放射状排列，才形成了如同秋菊般美丽的身姿。

菊花石之美主要体现在岩石中颜色与纹理的强烈对比，即花瓣、花蕊与基底的颜色纹理差异，天然的线条和栩栩如生的图案给人以无限遐想。一块优质的菊花石至少需要具备天然、形似、完整、立体等几个基本条件。天然，指的是菊花石必须是自然形成的，人工仿造甚至伪造的都不具备收藏价值；形似，指的是石中的菊花图案应当形神兼备，惟妙惟肖；完整，指的是岩石要保存完好，菊花图案无缺失及破损；立体，则是指岩石中的矿物晶体粗大，花蕊及花瓣清晰凸显，便于通过艺术雕刻更加突出其形态之美。

菊花石软硬适中，石质细腻，图案浑然天成，是制作石雕的极佳原料。2010年上海世界博览会期间，湖南馆展出了一块宽280厘米、高120厘米、重达4吨的菊花石，石上散布着十余支花朵，形态各异，妙趣横生，令人叹为观止。

一般来说，菊花石的块体越大，利用价值越高，但大的块体也在一定程度上限制了石雕匠人的创作空间，有些零星的碎块反而可以给石雕匠人更大的自由度，取其横断面，可制作成砚台置于书房案头，别有一番趣味。故宫博物院珍藏着一块清朝的菊花石雕云龙纹砚，它长 23 厘米，宽 16.5 厘米，厚 4.5 厘米，正面有一朵硕大的白色菊花，纹理清晰，形态逼真，旁边雕刻有圆形砚堂，外围是一圈浮雕云龙纹，祥云深处雕有砚池，构思奇巧，情趣盎然。

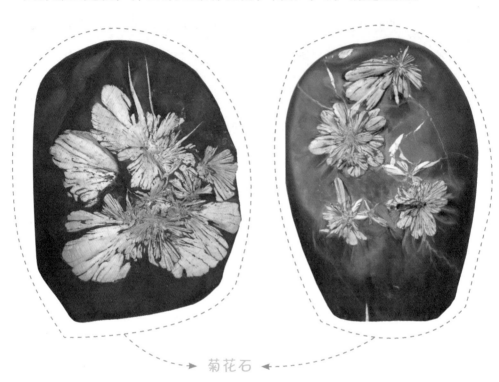

菊花石

2. 栩栩如生的石像

地球上有许多奇怪的石像，它们的外形姿态酷似人物，但并非出自雕塑家之手，那它们究竟是如何形成的呢？

"石老人" 的传说

传说在很久以前，有一位勤劳善良的老渔民住在崂山脚下的海边，膝下只有一位美丽的女儿相依为命，他们每天出海打鱼，生活简单而又幸福。可是好景不长，突然有一天，龙王的太子听说了她的美貌，就派人把她抢进龙宫，想要娶她为妻。可怜的老渔民悲痛欲绝，为了找到女儿，他不顾汹涌的海浪，每天拖着年迈的身躯走进大海，声嘶力竭地呼唤着女儿的名字。一天天过去了，老渔民已是两鬓斑白，腰弓背驼，却依然在海边望眼欲穿。最终，他变成了一尊石像，永远定格在海边。从此之后，海边就矗立着一座"石老人"。

这个令人垂泪的故事在崂山一带广为流传，而传说中的"石老人"就位于山东省青岛市崂山区石老人村西侧海域，距离海岸大约100米，高达17米。远远望去，它就像一位栩栩如生的老人，以手托腮，凝神注视，每天在潮起潮落中迎来旭日，送走晚霞，虽饱经沧桑却神态安详。

-------- 石老人未坍塌前的日落景观

奇特的海蚀柱

传说故事虽然凄美，却并不可信。"石老人"其实是海岸侵蚀的结果，地质学家称之为海蚀柱。在海陆交界地带，海水持续地拍打、冲击陆地，使陆地不断后退，海洋不断前进，就会慢慢形成多种类型的海岸侵蚀地貌，包括海蚀崖、海蚀洞、海蚀柱以及海蚀拱桥等。

据地质学家研究，"石老人"所在地原本是一个伸进大海中的尖形岬角，出露岩石为形成于8000多万年前的火山岩，后来由于海平面的升降造成强烈的侵蚀作用，使它浸泡在海水中的岩石一块块剥落、坍塌，最终仅剩下孤立的海蚀柱。遗憾的是，2022年10月3日，"石老人"在一场雷电交加的暴风雨之后轰然倒塌，许多市民闻讯赶到现场，纷纷记录它最后的模样。

大自然是位雕塑家

与"石老人"相似的景观还有很多。山东烟台的南长山岛上有一座礁石名为"望福礁"（旧称"望夫礁"），其外形犹如一位头戴围巾、怀抱婴儿的妇女在等待远行的丈夫归来。

在我国香港沙田区狮子山隧道入口附近的小山冈上，矗立着一块高约15米的巨石，巨石顶部有一大一小两块石头并排而立，其轮廓酷似一位身背婴儿的女子，只见她微微弯曲着身子，一动不动地遥望着天边。这是当地最著名的地标之一，曾被誉为"香港最美的岩石"。实际上，它是花岗岩风化的结果，因花岗岩内部布满了纵横交错的节理，在流水、空气以及各种微生物的长期作用下，沿着节理方向逐渐风化剥落，最后变得支离破碎，从而形成难得一见的奇石风景。

↑
- - - - - - - 香港最美的岩石：望夫石

总之，地球上那些惟妙惟肖、造型各异的"石老人""望夫礁（石）"，都是在风刀雨剑之下自然形成的结果：有些是长期风化而成，有些是流水侵蚀而成。在与外力斗争的过程中，坚硬的岩石始终处于下风，只要有足够长的时间，它们终将被侵蚀成千奇百怪的模样。

3. 变幻莫测的红石滩

有人说它是"雪山下的红宝石"，有人说它是"神奇的红色画卷"，在洁白的雪山下，大自然创造了一片惊艳世界的红色大地，一块块鲜红的石头布满河床，与郁郁葱葱的森林、缓缓流淌的冰川融水交相辉映，共同构成了贡嘎山下绝美的自然画卷。这就是红石滩，被冠以"中国红石公园"的美名。

美丽的红石滩 - - - - - -

冰山下的血色浪漫

我国西南部的横断山脉是山与水的王国，更是一片冰雪世界，高山峡谷、湖泊森林、冰峰雪岭交相辉映。这里的第一高峰当属海拔 7508.9 米的贡嘎山，它位于四川省康定市南部，在数十座巍峨的雪山簇拥下，傲视群雄，独领风骚，被称为"蜀山之王"。

在藏语中，"贡"是冰雪之意，"嘎"为白色，所以贡嘎山的原意就是"洁白的雪山"。它的山顶高耸入云，终年积雪，冰川广布，让人分不清究竟哪儿是白云，哪儿是冰雪。山下是幽深的沟谷，其中包括著名的黑沟、燕子沟、南门关沟、海螺沟等。冰川沿着沟谷从山顶向下缓缓流动，一直将长长的冰舌深入到山麓地带的原始森林里，游人可以走进沟谷，与冰川来一场零距离的亲密接触。令人意想不到的是，就在这流水潺潺的河谷中间，竟然隐藏着一片神秘的红色奇观。

从空中俯瞰，透过茂密的树林，可以窥见一条宽阔的红色沟谷，宛如炽热的岩浆在肆意奔流。当我们走进其中，才发现这里到处散布着大大小小的红色石头，有人说它们仿佛被刷上了一层红色油漆，还有人说那更像是红砖头磨成了粉涂在上面，在雪山的映衬下显得格外迷人，令人赞叹不已。

"预报天气"的怪石

在贡嘎山东坡、甘孜藏族自治州泸定县南部有一个历史悠久的磨西古镇，这里曾经是著名的茶马古道的重要驿站。自唐代以来，人们以马帮为主要运输方式，在我国西南地区交易茶叶和马匹等商品。磨西古镇至康定的这一段路程，恰好经过红石滩，山高路险，河水湍急，马匹往往无法通行，只能依靠人力背运货物。不仅如此，这里天气多变，时常出现的暴雨和洪水成为道路上的艰难险阻。

后来，生活经验丰富的背夫在沟谷中发现了一个奇怪的现象：在不同的季节，红石滩会发生颜色变化，每到寒冷的冬季，这里鲜红似火，而到了夏季就变得略带黄色。甚至在不同的天气状况下，红石滩的颜色也不一样，有时艳丽，有时黯淡。于是，他们逐渐学会了用红石滩的颜色变化来预判天气，当红石滩颜色红艳时就表明天气晴朗，可以放心出行，若颜色变淡就不要出门，避免遭遇暴雨。

还有更奇怪的事情，有人对红石滩的石头感到好奇，就捡了一些小块儿的带回家中，没想到过不了多久，石头就变了色，从鲜红色渐渐变成黄色，最后变成毫无生机的灰色。根据当地人的传说，红石滩的石头都是有灵性的"神石"，一旦被带出河谷就失去了"神力"。当然，这并不是科学的解释，但红石滩背后的秘密的确令人着迷。

红石滩的成因

贡嘎山下沟谷纵横，但并不是每条沟都有红石滩。目前，红石滩主要分布在燕子沟、黑沟，位于海拔 3000 米左右的地方。而令人感到疑惑的是，燕子沟和黑沟的红石滩也是近些年才刚刚出现的，而之前一直以红石滩而著称的海螺沟，如今却难觅红石的踪影，这究竟是为什么呢？

关于红石滩的形成原因，有学者研究发现，那些鲜红的岩石本身并没有什么奇特之处，都是常见的花岗岩，但它们的表面附着一层毛茸茸的松软丝状物，看起来如同苔藓和地衣，最后被专家确认为乔利橘色藻，属于一种低等藻类植物。由于乔利橘色藻体内富含一种类胡萝卜素而呈现出橘红色，可以帮助自身抵御高海拔地区强烈的紫外线照射，当它们附着在花岗岩表面，就如同给岩石披上了一层红色的外衣，显得格外美丽。

乔利橘色藻依靠吸收空气中的水分和营养维持生存，喜欢温度低、湿度大的环境，在寒冷的冬季和潮湿的河边更适于生存。光照强度、空气中的湿度和温度影响着乔利橘色藻体内类胡萝卜素的形成。当天气晴朗时，大气中的紫外线增强，类胡萝卜素就会增多，所以红石滩的颜色更加鲜艳；相反，当遇到云雾或雨天时，红石滩的颜色就会变得黯淡。这正是红石滩能够"预报天气"的原因所在。

生命脆弱的乔利橘色藻对生态环境的要求十分苛刻，一旦遭受破坏就很难恢复。曾经有媒体报道，一些游客到红石滩游玩时随意在石头上刻字，而被破坏的地方要恢复如初至少需要两年的时间。曾经远近闻名的海螺沟，因岩石长期风化造成乔利橘色藻所需的营养物质日渐缺乏，红石滩逐渐进入老化期，而在临近的燕子沟和黑沟，泥石流将山上崩塌的新鲜花岗岩送到沟谷，成为乔利橘色藻新的家园。

其实，地球上的红石景观有很多，包括河南云台山的红石峡、广东仁化丹霞山、甘肃张掖彩色丘陵等。相比之下，其他地方的红石景观都是亿万年来漫长的地质作用形成的，性质稳定，历久弥新；而贡嘎山下的红石滩却是地质作用与生物作用共同形成的，脆弱易变。它的变化恰恰也反映了生态环境的变化，更应当引起人们的关注。

4. 红石峡的秘密

美国的科罗拉多大峡谷是一条长约 446 千米、平均深度约 1.6 千米的大峡谷，峡谷蜿蜒曲折，两岸怪石嶙峋，想要走完一遍可不是件容易的事情。不过，我国有一条缩微版的科罗拉多大峡谷，只需花费两三个小时就可以完整游览一圈，这就是云台山里的红石峡。

盆景峡谷

红石峡位于河南省焦作市的云台山世界地质公园，这里北依太行山，南临华北平原，地貌景观与众不同。与雅鲁藏布大峡谷、金沙江虎跳峡、长江三峡相比，红石峡只能算是个"袖珍型峡谷"，它的长度仅有 2000 多米，深度约 60 米，最宽的地方有 30 多米，最窄处只有几米而已。站在谷底抬头仰望，只见两岸陡峭的山崖几乎连在一起，中间只有一道狭窄的缝隙露出明亮的天空，是名副其实的"一线天"。走在沿着崖壁开凿出来的小道上，仿佛走进了一个精致的盆景之中，所以人们称赞它为"盆景峡谷"。

传说，在很久以前，天河老龙王私自降雨触犯了天条而被贬下界，就住在云台山中，它的两个儿子黑龙和白龙则生活在这红石峡中。于是，这里就出现了"黑龙潭""白龙潭""黑龙洞""首龙瀑"等，几乎每一潭、每一瀑都与龙的故事有关，给红石峡增添了许多神秘色彩。

◀ - - - - - - - - 红石峡

红石峡

狭窄的"一线天"

红石峡的成因

2007年8月，云台山与美国科罗拉多大峡谷结为"姐妹公园"，虽然它们大小相差悬殊，但彼此之间确实有许多相似之处，都是两坡陡峭、幽深险峻，横剖面呈"V"字形。

"峡"字本意就是两山夹水的地方，所谓峡谷，就是一种狭而深的沟谷，往往以幽深、险峻和充满了神秘感而著称。红石峡具备了所有峡谷都应该具备的特征，通过观察它的地质地貌特点，我们能慢慢知晓它的形成原因。

当我们走进红石峡，首先会路过一面陡立的悬崖，长250米，高150米，自上而下仿佛刀切一般，十分笔直，崖壁为坚硬的紫红色岩石，所以被称作"丹崖断墙"。然而，它并非人工切割，而是天然形成。地质学家经过研究发现，在大约10多亿年的地质变迁中，云台山经历了无数次的造山运动，地壳抬升使得岩石露出地表，其中伴随着很多大的岩石裂缝。红石峡恰恰位于一条曾经多次活动的断裂带上，而丹崖断墙只不过是该断裂带最新一次活动形成的断裂面。地质学上称这种断裂活动为内动力作用，这是红石峡形成的内因。

仅有内因尚且不够，还需要一定的外动力地质作用。由于岩石中存在着节理和裂隙，长期的风化作用会造成岩石不断崩落，阳光、风、水、植物都会影响峡谷的形成，但其中最重要的还是流水。别小看了那柔弱的流水，滴水可以穿石，能够以柔克刚，更何况是几千万年甚至上亿年的流水冲刷呢？

散落在峡谷流水中的石块，由相互垂直的3组节理（岩体受力断裂后形成的裂隙）切割而成，形状规则

虽然我们现在看不到山地的隆升和岩石的沉积过程，但是还能看到奔腾不息的流水在改变着这里的地貌。在柔弱的流水面前，看似坚不可摧的坚硬岩石也无法阻挡它的去路，只要有足够长的时间，流水终究会以柔克刚，奔流入海。在地质学中，这被称为流水的侵蚀作用：一方面是下蚀作用，它会将峡谷变得越来越深；另一方面

是侧蚀作用，它会把峡谷变得越来越宽。置身于峡谷之中，看那湍急的流水，我们就能深切地感受到流水的巨大威力和沧海桑田的岁月变迁。

有时候，在岩石的夹缝中有柔弱的植物坚强地存活下来，植物的根系不断生长壮大，也会将岩石慢慢撑裂、劈开，从而形成深深的裂缝并逐渐扩大。这被称为植物的"根劈作用"

红石峡为何颜色紫红

如果仅仅是一条峡谷，红石峡并不太引人注目，它最大的特点是它的颜色——鲜艳的紫红色，整个崖壁仿佛被红霞染过一般，"红石峡"之名即由此而来。

在几亿年以前，红石峡这一带是一片汪洋大海，在海洋环境中沉积形成了厚厚的岩层。由于红石峡的砂岩中富含铁，形成的铁质矿物被氧化之后显示出紫红色，地质学家称这里是"中国北方少有的丹霞地貌峡谷"。

科罗拉多大峡谷与之十分相似。发源于落基山脉的科罗拉多河从科罗拉多高原流过，最后注入加利福尼亚湾。它像一把

紫红色石英砂岩

巨大无比的刀，在科罗拉多高原上切开了一个完美的地质剖面，塑造了无数经典的地貌奇观，把北美洲的整个地质发展史清晰地展现在人类面前。很多到过科罗拉多大峡谷的人都说，这里仿佛就是外星球，到处是红色和褐色的岩石，更令人称奇的是，随着阳光的强弱变化，这些岩石的颜色也略有不同，置身于其中，恍若来到了火星上一样。

5. 迷人的彩色丘陵

在甘肃省张掖市临泽县和肃南裕固族自治县交界处，分布着一片绵延起伏的山丘。当我们走进这里，只见那眼前山石色彩斑斓，五颜六色，在蓝天白云的映衬下仿佛一幅壮美的画卷，又像是有人给山峰披了一件华丽的彩袍。地质学家称之为"彩色丘陵"，简称"彩丘"，还有人形象地称之为"彩虹山"。

寻找"彩虹山"

顾名思义，彩色丘陵就是一种彩色的丘陵地貌，指的是顶部浑圆，坡度平缓的低矮山丘，相对高度小于 200 米。它不如山峰那么高大、陡峻，也不像平原那样一马平川，是长期受侵蚀、剥蚀等各种地质作用形成的，常与山地相连，张掖的彩色丘陵就紧邻祁连山北麓。

张掖彩色丘陵美景与观赏时间、观赏角度以及天气都有很大关系，每当雨后天晴、阳光普照时，彩色丘陵才会展现出它最绚丽的景象，或者在早晨及黄昏霞光满天时，也十分壮观。

彩色丘陵并非张掖独有，我国新疆北端阿勒泰地区布尔津县境内的五彩滩，以及南美洲的秘鲁，也分布有相似的地质景观。在十几年前，由于全球气候变暖，穿过秘鲁境内的安第斯山脉出现冰雪大面积融化现象，雪线不断上升，有人发现在一座海拔超过5000米的山峰上竟然出现了许多五颜六色的美丽条纹，有紫色、红色、黄色以及绿松石色，当地人称之为"Vinicunca"，意思就是"彩虹山"或"七彩山"。

张掖彩色丘陵 - - - - - - →

古老的前世

如果我们仔细观察张掖彩色丘陵的岩石，就会发现它们是典型的粉砂岩和泥岩，都是沉积作用的产物，地质测年结果显示，它们的形成年代距今约 0.96 亿年至 1.35 亿年。地质学家研究发现，早在中生代白垩纪，地球相当暖和，恐龙正在统治着世界，而此时的张掖彩色丘陵所在地却是一片广袤的湖泊，历经数百万年的漫长时期，湖底沉积了一层又一层厚厚的泥沙。后来，随着气候变化和地质变迁，湖水干涸，湖底的泥沙经过压实、脱水和固结成岩作用，慢慢就变成了层理清晰的沉积岩。

如今，我们看到的张掖彩色丘陵的岩层呈倾斜状态，其实它们在沉积之初呈水平或近乎水平状态，后来随着地壳运动出现了弯弯曲曲的褶皱，就好像是被挤压的书本，中间有些地方拱起而有些地方凹陷下去。所以，在外部的风吹、日晒、雨淋等风化和侵蚀作用下形成的高低不平的山丘，才能像画布一样将每一层岩层完美地展现在它的脊背上。

奇怪的是，这里的丘陵为什么会呈现不同色彩呢？这与岩层中所含的矿物成分有关，主要取决于沉积岩形成时的气候干湿条件。如果在沉积过程中处于干旱环境，就会以氧化作用为主，含铁矿物以红色的赤铁矿为主；如果处于潮湿环境，就会以还原作用为主，含铁矿物则以针铁矿为主。所以，岩石的不同颜色恰恰反映了成岩时期的地质环境。

脆弱的今生

张掖彩色丘陵堪称大自然赐予人类的瑰宝，作为一种新的地貌形态，它的科研价值和旅游观赏价值都很高。然而，它历经沧桑保存至今，岩体表层非常酥软，像一位身体虚弱、风烛残年的老人，默默地向我们诉说着它背后的故事。令人痛心的是，游客的破坏行为时有发生。

秘鲁的彩虹山面临着同样的困惑。它原本掩盖在人迹罕至的高山冰雪之下，只是偶有成群的羊驼漫步在山坡上，后来它声名鹊起，游客日益增多，平均每天多达上千人踏上彩虹山的山脊。面对这种情况，有学者忧心忡忡地指出，游客的大量涌入将加速对自然景观的侵蚀和破坏。

彩色丘陵与丹霞地貌的区别

很多人会将彩色丘陵与丹霞地貌混淆为同一种地貌，它们之间究竟有什么关系呢？

说起丹霞地貌，大家的第一反应就会想起广东的丹霞山，这里是丹霞地貌名称的来源地。中国学者根据广东韶关市仁化县"色如渥丹，灿若明霞"的丹霞山而命名了丹霞地貌，因此，这里的"丹"就是红色之意。所谓丹霞地貌，是一种由层厚（岩层厚度较大）、产状平缓（岩层倾斜角度较小）的红色砂砾岩形成的地貌，以岩石形态怪异并兼具鲜艳的红色为突出特点，这些岩石在自身重力、外力侵蚀等综合作用下，常常呈现为柱状、宝塔状、方山状、峰林状或城堡状。

丹霞地貌颜色鲜艳、造型奇特，往往会成为风光秀美的旅游胜地，除了广东丹霞山之外，江西龙虎山、浙江江郎山、福建武夷山和大金湖等都是著名的丹霞地貌。在美国西部、中欧和澳大利亚等地也有丹霞地貌，它广泛分布在热带、亚热带湿润区、温带湿润 - 半湿润区、干旱 - 半干旱区和青藏高原高寒区，但以湿热地区为主。迄今为止，世界上已经发现丹霞地貌超过 1200 处。

甘肃张掖确实也有丹霞地貌，比如冰沟丹霞、大肋巴沟丹霞等。其中，冰沟丹霞以丹崖绝壁、堡状孤山等奇岩怪石景观为主，大肋巴沟丹霞则以其立面酷似窗棂、整体结构如宫殿的砂岩窗棂宫殿构造而闻名，所以专家称这里是"中国北方干旱地区发育最典型的丹霞地貌及国内唯一的丹霞地貌与彩色丘陵景观复合区"。但是，很多游客到张掖之后，并没有去看丹霞地貌，而是直接去了彩色丘陵，却误以为眼前看到的就是丹霞地貌，人云亦云，以讹传讹，因此造成了误解。

彩色丘陵与丹霞地貌最突出的区别在于：彩色丘陵是以岩石色彩鲜艳为突出特点，而丹霞地貌不仅岩石形态怪异，而且以红色为突出特点。简而言之，彩色丘陵向我们展示了砂岩地貌的色彩之美，丹霞地貌则在色彩美的基础上又叠加了砂岩地貌的形态美。

甘肃张掖冰沟的丹霞地貌景观 ----------↑

6. 洁白无瑕的棉花堡

  在希腊神话中，有一位英俊而又多情的牧羊人爱上了月神，当他沉浸在与月神约会的甜蜜之中时，竟然忘记了挤羊奶，结果羊奶流得到处都是，整个山坡上都变成了乳白色，就像是长满了棉花一样。后来，人们就称这里为"棉花堡"。虽然这只是个美丽的神话故事，但棉花堡却真实存在。当你身临其境的时候，就会忍不住赞叹：这里竟然和传说中一样美丽。

奇怪，棉花怎么是硬的

传说中的棉花堡位于土耳其西南部的代尼兹利省，土耳其语的名称为"Pamukkale"，中文意为"棉花堡"，也有人将其音译为"帕穆克卡莱"。人们之所以给它起了这样一个名称，是因为它颜色洁白，整座山坡层层叠叠，没有任何树木或杂草，从远处看就像是一座用棉絮堆积而成的城堡。

在这片总长度约为 2700 米、宽 600 米、高 160 米的山坡上，到处是白茫茫一片，其中散布着无数个绿波荡漾的清澈水池，一层一层拾级而下，错落有致，蔚为壮观。棉花堡一尘不染，平静的水面倒映着蓝天，仿佛王母娘娘的瑶池，神秘而又圣洁。

土耳其棉花堡远景

尽管土耳其真的盛产棉花，棉花堡所在的代尼兹利还是著名的棉纺织工业基地，但这座城堡却并非棉花所做，更不是羊奶覆盖山坡的结果。当你走进了棉花堡仔细观察时会发现，脚下的白色物质并不像棉花那样软绵绵，相反，除了水池中有些稍软的沉淀物以外，大部分地方都十分坚硬，因为它们都是天然形成的岩石。

温泉与钙华

自古以来，这一带就以温泉而闻名。由于附近地下的岩浆活动强烈，地下水受到影响而升温，沿着岩石中的裂缝或裂隙，溢出地表而形成了温泉。这一地区共有 17 个温泉，泉水的温度为 35~100℃，由于穿越了地下的石灰岩层，其中富含丰富的碳酸钙，当它们从地下冒出以后沿着山坡向下缓缓流淌，碳酸钙逐渐沉淀下来，日复一日，年复一年，越积越厚，最终结晶成为坚硬的岩石，地质学家称这种物质为钙华。

钙华又称石灰华或灰华，通常形成于泉水边，矿物成分主要是方解石（化学成分是碳酸钙），有时候也会含有少量其他矿物，比如文石、石英、长石等，在沉淀过程中一般形成树枝状、葡萄状、水草状，而棉花堡则是厚层状，多孔隙，看起来疏松其实较为坚硬。

温泉中含有丰富的矿物质，对人体有益，所以古时候很多身患重病或者垂垂老矣的达官贵人来到棉花堡附近养病，安度晚年，甚至有些人在去世以后就安葬在这里。

来自"地狱之门"的棉花堡

紧邻棉花堡是一座著名的古城遗址,名为希拉波利斯,始建于公元前 190 年。历史上它就是著名的温泉疗养胜地,曾经宽阔的大街、古罗马风格的剧场、大大小小的温泉浴池彰显了当年的繁荣兴盛。后来一场大地震将这里毁于一旦,现如今,除了断壁残垣,这里还保存着 1000 多座古墓,是土耳其境内最大的古墓群,其中靠近棉花堡的一些石棺已经被白色的钙华淹没了一半,恰恰向我们说明了棉花堡的形成过程。

2013 年,意大利的考古学家在希拉波利斯古城的一面墙壁旁边发现了一个奇怪的洞穴入口，洞口一直向外冒着有毒的气体。根据古希腊学者斯特拉博的记载，这里有一个"地狱之门"，里面充满了如同浓雾一般的蒸气，任何动物进入这个入口都会立即死亡。

考古学家认为这就是所谓"地狱之门"，因为他们发现事实真的如同文献中记载的那样，几只飞鸟试图靠近这个洞口，结果都中毒死亡。其实，这些所谓有毒气体只不过是二氧化碳，它们来自地下温泉，正是由于二氧化碳从富含碳酸氢钙的温泉中不断地释放出来，温泉中才逐渐沉淀碳酸钙形成了钙华，成为如今这座美丽的棉花堡。

像棉花一样脆弱

曾有一段时期，很多游客第一次见到棉花堡时都恨不得一下子扑入它的怀抱，不可避免地将鞋上的泥沙带入其中。近年来，温泉水位下降，水量越来越少，已经很难覆盖整个棉花堡。如此一来，缺少了新的钙华沉积，原有的白色岩石也就会干裂甚至泛黄。

为了保护棉花堡，当地管理部门已经封闭了多个池子，只供参观而禁止入内，开放的池子则严格要求游客必须赤脚进入。而且，曾经大量建造的酒店也被拆除，减少生活用水，并在棉花堡上适当修建一些人工阶梯，控制水流，促进碳酸钙的沉积，以保证棉花堡的钙华继续增长。希望美丽的棉花堡能够永远保持年轻，这是大自然赐予我们的珍贵礼物，理应得到合理的保护。

↑
˙------ 黄龙风景区的钙华池塘，像调色盘一样美丽

其实，在我们中国也有一个相似的景区，位于四川省阿坝藏族羌族自治州松潘县境内的黄龙风景区，也以钙华著称于世。它与棉花堡的成因类似，但景色之美各有千秋，大家不妨去实地看一看它们之间到底有什么不同。

7. 五颜六色的沙滩

在炎热的夏季里，凉风习习的海滩一定是你最想去的地方。在我们的印象里，海滩都是灰色或者略显发黄的颜色，实际上，世界上还有几处彩色的沙滩，你可曾见过？

这里的沙滩很别致

在浩瀚的北太平洋有一片美丽的岛屿群，名为"夏威夷群岛"，自东南向西北分布着130多个岛屿，恰似美丽的珍珠一般散落在海洋中，其中最大的岛是夏威夷岛，它是火山喷发的产物。当火山在海洋中喷发时，大量的海水会淹没炽热的熔岩，但威力巨大的火山能够多次喷发，逐渐增高，最终越过海面，形成火山岛。夏威夷岛的根基在海平面以下4600米，最高的地方冒纳罗亚火山又高出海平面4170米以上，由此可见，火山的巨大威力是多么惊人！

火山创造了夏威夷岛，也创造了很多奇怪而又美丽的沙滩。其中，有一个名为"普纳鲁乌"的沙滩，遍地乌黑发亮，远看仿佛是铺满了黑色的沥青，走近之后才发现，原来踩在脚下的都是一些极其细小的沙砾。黑色物质能强烈吸收太阳光，如此温暖的沙滩吸引了大量的游客。更有趣的是，人们还能经常看到珍稀海洋生物玳瑁（一种海龟）趴在沙滩上懒洋洋地晒太阳，与游客们和睦相处，各得其乐。

而在夏威夷岛的最南部，有一处名为"帕帕科立"的沙滩更为奇特，从上空俯瞰，整个沙滩就如同一块美丽的绿色宝石镶嵌在海陆交界的地方，让人忍不住啧啧赞叹。双手捧起这里的洁净沙砾，透过阳光仔细观察，它们更像是一颗颗珍宝，令人爱不释手。

玳瑁在普纳鲁乌的黑色沙滩上晒太阳

　　澳大利亚新南威尔士州南部的海姆斯海滩，像漂浮在天空里的一片白云，在蔚蓝色的海水相衬之下，显得格外美丽。白色象征着纯洁、忠贞和神圣，容不得一丝尘埃，这片土地仿佛被赋予了如同白色婚纱一般特殊的含义，所以，这里就成了最受人们欢迎的婚礼举办地，每年都会有几千对新婚夫妇来这里拍婚纱照，办婚礼，度蜜月，感受大自然赋予他们的浪漫和圣洁。

　　此外，在美国加利福尼亚州的帕菲佛沙滩是紫色的，巴哈马的哈伯岛上有一片沙滩竟然是粉色的，如此梦幻，真是令人惊叹。它们都是如何形成的呢？

洁白如雪的澳大利亚海姆斯海滩 - - - - - - ▲

沙滩里的秘密

　　海滩上的沙子其实就是细小的岩石碎屑，是海边的岩石经海水、雨水和风的侵蚀作用形成的，主要成分为石英和长石等矿物，有时候还会包含一些海洋里的微生物遗体碎片。海水的不断摩擦使得沙子越来越细，直径只有 0.1~2 毫米，所以踩在脚下是滑滑的感觉。岩石因其矿物成分不同呈现出不同的颜色，其碎屑的颜色也会不同，在显微镜下观察这些沙子，我们就会发现它们其实是五颜六色的。

　　但是，当海边的岩石以某一种岩石或矿物为主时，就会主要显示这种岩石或矿物的颜色。比如普纳鲁乌的黑色沙滩，堆积的是火山喷发形成的玄武岩的颗粒，它含有大量的氧化铁、氧化钙和氧化镁等物质，颜色乌黑。在许多年前，火山喷发的炽热岩浆涌入海水中，迅速冷却、收缩，然后凝固、破裂，再加上海浪长年累月的破坏，才成了如今的模样。

帕帕科立绿沙滩的沙粒主要是橄榄石，它是一种常见的造岩矿物，也是岩浆结晶时最早形成的矿物之一，因为它恰似橄榄枝的颜色，绿色的橄榄枝象征着和平、美好和幸福，橄榄石也被赋予了同样的寓意，所以精美的橄榄石也是深受人们喜爱的一种宝石。

澳大利亚海姆斯海滩之所以为白色，则是因为这里的岩石富含乳白色的石英，海浪的巨大能量不断破坏岩石，将白色的岩石打碎成质地纯净的石英砂，因石英常为无色透明或乳白色，年复一年、日复一日的冲刷，就缔造了美丽的白沙滩。然而，在美丽的背后也隐藏着危险。因为白色能最大限度地反射太阳光，所以，如果你也想到海姆斯海滩亲自感受白沙之美，一定不要忘记戴上太阳镜，擦上防晒霜，而且要尽量避开中午太阳高照的时刻，以防紫外线伤害皮肤。

同样原因，美国加利福尼亚州的帕非佛沙滩之所以呈现出紫色，是因为其中含有大量的紫色矿物石榴子石；巴哈马哈伯岛上的粉色沙滩则是因为其中含有一种名叫"有孔虫"的粉红色海洋生物遗骸。

人造沙滩

如果说以上几处单一色彩的沙滩还不足以吸引你，那么下面这个七彩的沙滩一定能让你大开眼界。

在美国加利福尼亚州的布拉格堡，有一片美丽的海滩吸引着很多游客。走在海滩上，你会看到五颜六色的小"石块"，如同宝石一样美丽，大部分都是透明或半透明的。如果随便捡起几块来，仔细观察一下，你就会发现，这些小"石块"竟然都是玻璃！它们是从哪里来的呢？

原来，自从 1906 年开始，布拉格堡的居民在海边建立了一个垃圾场，将他们的生活垃圾都扔到这里，包括废水、大量的玻璃碎片，甚至还有废弃的汽车。直到 1967 年，加利福尼亚州水资源控制委

美丽的布拉格堡玻璃海滩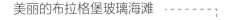

员会和当地政府封闭了这里，禁止再倾倒垃圾。在接下来的几十年中，当地政府想方设法清理垃圾，拆除各种废弃的汽车等大型垃圾，而小块的玻璃碎片则被留了下来。然后，海洋勇敢地挑起了"清洁工"的重担，海浪不断冲刷，冲走了塑料垃圾，未能冲走的玻璃都被磨得非常圆润、光滑。谁也未曾想到，本来是一片臭气冲天的垃圾场，竟然神奇地变得如此美丽。如今，这里已经成了一处特殊的旅游胜地，每年都会接待成千上万名游客。但是，好奇的游客总会在临走时带走一些漂亮的玻璃片，结果造成这里的玻璃越来越少，尽管景区管理部门严格制止这种行为，但仍难以约束人们的好奇心。如此一来，恐怕在不久的将来，美丽的玻璃沙滩将会不复存在了。

石头也爱"耍杂技"

1. 奇岩怪石"不倒翁"

大家都玩过不倒翁吧？在我们的地球上，还有比不倒翁更厉害的角色，那就是"踮着脚尖"站立的岩石。虽然它们看起来摇摇欲坠，好像一阵风就能刮倒，实际上却历经数万年而始终没有倒下，真是令人惊叹不已。

孤零零的飞来石

安徽黄山有很多千奇百怪的石头，它们有的像人物，有的像鸟兽，形态各异，令人叫绝。其中最引人注目的，是在一片平坦的岩石平台上高高耸立的巨石。它高 12 米、长 8 米、宽约 2 米，重量达 360 多吨，与下面的平台却只有很小一块接触面，而且中间有明显的缝隙。远远望去，就像是从天外飞来的一样，所以大家都形象地称它为"飞来石"。

难道"飞来石"真的是从天而降吗？地质学家经过研究发现，这块孤零零的岩石和它下面的基座成分相同，都属于花岗岩，也就是说，它们本来是一个整体，只是后来经过数万年的风吹雨打，岩石身上出现了很多裂缝，一部分碎石慢慢剥落，才成了现在的样子。

神奇的大自然是一位能工巧匠，像黄山这样的"飞来石"它就不止造了一处，在我国的云南、河南、江西等地都有类似的奇观。

上粗下细的平衡石

在美国犹他州莫阿布市北部约 6 千米处，紧邻科罗拉多河，有一处著名的风景游览区——拱门国家公园，因这里分布着许多造型各异的天然石拱门而得名。其中，有一块十分奇怪的巨石，高约 39 米，顶部高高昂起，中间只有一小块地方与基座相连。从远处看，它就像一尊雕像，细细的脖子上顶着一个大脑袋。每一位看到它的人都会为它捏一把汗，真担心某天它会断头倒下。这种奇怪的岩石景观被称为平衡石。

平衡石究竟是如何形成的呢？地质学家认为，这是风挟带着沙石磨损岩石的软弱部分形成的微地貌。在风力强劲的地方，如果裸露的岩层上部比下部更坚硬、抵抗侵蚀能力更强，那么下部就会比

埃及白沙漠中蘑菇状的平衡石

上部侵蚀得更快，很容易形成十分特殊的模样——上面粗、下面细的蘑菇状。这样的微地貌也称为风蚀蘑菇，它们有的孤立分布，有的成群排列。例如，非洲尼日尔的泰内雷沙漠有一处平衡石远近闻名，看起来像一朵比例失衡的蘑菇，巨大的蘑菇伞似乎随时都会把下部的小身板压断；而在埃及著名的白沙漠中高耸着许多白垩岩（一种非晶质石灰岩），成片分布的平衡石远远望去如同神秘的蘑菇群。

头重脚轻的"棒槌山"

河北承德是一座十分美丽的城市，这里不仅有著名的历史古迹避暑山庄，还有很多优美的自然景观。如果你来到承德，站在高处向郊外的森林公园望去，就会看到山上有一根巨大的石柱直插云霄，当你慢慢走近，又感觉它好像大地伸出的拇指，惟妙惟肖，令人称奇。

据史料记载，清朝的康熙皇帝看到这处奇观后，觉得它的形状像敲击乐器"磬"的棒锤，所以给它赐名为"磬锤峰"，现在也俗称"棒槌山"。人们经过测量发现，磬锤峰的"锤"高约 38 米，连同底部的基座高 59 米。它上面粗，下面细，头重脚轻，摇摇欲坠，好像随时都有可能会倒下来。更为奇特的是，在磬锤峰半山腰长有一棵桑树，横着生长，大约 3 米高，夹在岩石缝间，历经多年的风霜雨雪，依然枝繁叶茂。

地质学家研究发现，在很久以前，这里还是河湖盆地，后来随

磬锤峰远景

着地壳运动逐渐上升为陆地，盆地中的泥沙和砾石固结成为岩石，然后又经过了长期的风化、剥蚀、雨淋、日晒，岩石中相对松软的部分崩塌了，仅留下一些残缺不全的石崖、石柱等，磬锤峰就是其中保存最完整的一根石柱。

　　1893 年，一位俄国人曾经拍下了当时磬锤峰的照片，细心的人对比后发现磬锤峰变得越来越"瘦"了。原因在于，长期的风化和侵蚀，包括阳光暴晒、雨水冲刷，有时候还会被雷电击中，导致磬锤峰表层岩石渐渐脱落。在非洲的纳米比亚也有一处与磬锤峰相似的石柱，可是它已经在 30 多年前轰然倒塌了。这不禁让我们有些担心，磬锤峰未来是否也会面临同样的命运？

为了保护磬锤峰，有专家建议想方设法封堵它表面的裂缝，阻止表层岩石继续脱落。但是由于它位于悬崖边上，施工难度太大，究竟该采取什么样的保护方案，一直是件令人犯愁的事儿。

磬锤峰近景，依稀可见半山腰横向生长的桑树 - - - - - ->

摇摇欲坠的风动石

在我国福建省漳州市东山岛，有一块长宽高均为4米多的巨石，重约200吨，奇怪的是，每当大风吹来的时候，这块巨石便摇摇晃晃，吓得人们不敢靠近，可千百年来它从未倒下，被誉为"天下第一奇石"。更让人觉得不可思议的是，1918年东山岛附近发生了一场7.5级大地震，无数房屋倒塌，而风动石竟然巍然屹立。

↑
└------ 东山岛风动石景观

大家想一想，为什么这些奇怪的石头没有倒下去呢？其实这和不倒翁的原理一样。当物体的重心和支撑点在同一条竖直线上，它就能保持稳定状态，飞来石和平衡石之所以能保持不动就是这个原因。如果你摇晃某件物体，只要重心的水平位置不超过转动支点，它就不会倾倒。而且，物体的重心越低，就会越稳定，因为它总是趋向于朝重心低的位置移动，风动石之所以摇摇晃晃却还能回到原来的位置，原因就在于此。

岌岌可危的"奇迹石"

在挪威的西南部有一座著名的谢拉格山，濒临美丽的吕瑟峡湾，两岸壁立千仞，巨岩耸立，形成了很多壮丽的景观，吸引着来自世界各地的游客。其中，有一块只有 5 立方米的岩石，名为谢拉格伯顿石，像一把楔子恰好镶嵌在两山之间，历经了数万年，依然屹立不倒，人们称其为"奇迹石"。

沿着山路，游客可以步行走近谢拉格伯顿石，大胆的人还可以勇敢地站在上面拍照留念，将谷底的无限风光尽收眼底。如今，这里还成了跳伞爱好者最理想的起跳点，经过专业训练的跳伞运动员矗立山巅，飞身而下，犹如雄鹰翱翔于天际，吕瑟峡湾的美景一览无余，美不胜收。但是，这块体积狭小的岩石下面就是 984 米深的峡谷，稍不留意滑落下去就会粉身碎骨。

"奇迹石"是任何艺术家都无法完成的杰作。从地质学的角度来讲，它的形成是岩石风化的结果。冰河时代结束以后，全球气候逐渐回暖，冰雪融化渗入岩石，当冬天来临，岩石的孔隙和裂隙中的水又冻结成冰，体积膨胀，使岩石裂隙加深加宽，然后雪水沿着扩大的裂隙渗入岩石更深处，周而复始地冻结、融化使裂隙不断扩大，最终导致大量的岩石崩裂成为岩屑。这种作用叫作冰劈作用，又称冻融风化，奇迹石就是冰劈作用造成岩石崩裂留下的结果。

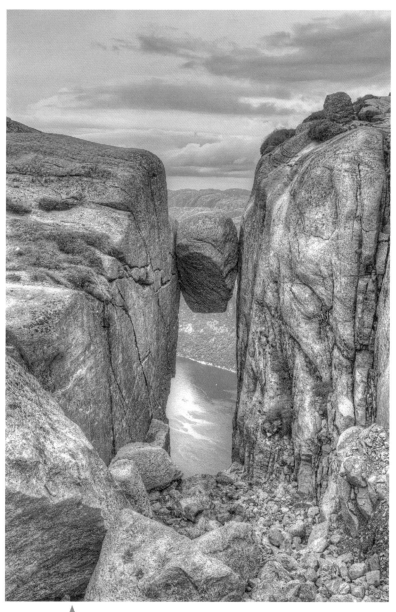

"奇迹石"，两山缝隙间可远眺吕瑟峡湾的一角

每一块这样的岩石，都历经了漫长的风吹、日晒、雨淋，那些不够坚硬的岩体崩塌掉落，留下来的岩体成了美丽的风景。从它们的身上，我们不仅看到了大自然的神奇力量，也能感受到我们地球的不断变化。

2. 这里的石头会走路

死亡谷，仅仅听到这个名字就会让很多人感到不寒而栗。这是一个神秘的地方，给人留下了很多未解之谜，其中最吸引人的莫过于那些会"走路"的石头。

石头漂移之谜

死亡谷位于美国加利福尼亚州东部，是一个典型的沙漠谷，长约 225 千米，宽 6~26 千米，峡谷两岸是悬崖绝壁，中间是干涸的湖床。1849 年，来自世界各地的几十万人涌入加利福尼亚淘金，其中一部分人走进了环境恶劣的死亡谷。后来他们真的在这里发现了黄金，不仅如此，这些怀揣着发财梦的矿工们还在山谷中发现了一些奇怪的事情。

山谷中这片干涸的湖床布满了龟裂缝隙，而湖床上散落着大大小小的石头。细心的矿工们发现，这些石块的位置每年都在变化，几乎每一块石头的背后都拖着长长的"尾巴"，像是移动的轨迹。

------- 死亡谷中拖着长"尾巴"的石头

　　这究竟是怎么回事呢？是有人搞的恶作剧还是有某种神秘的力量在推动着它们？一百多年过去了，研究这个现象的学者有很多，也提出了很多假说。

风吹动了石头吗

　　风的力量是最让人信服的解释，现有的各种解释中都提到了风的力量。观察这些石头的移动轨迹，我们就会发现，它们有着共同的主方向，这也就意味着有一种共同的力量在推动它们，而不是四面八方漫无目的地胡乱推。此外，这些石头的移动轨迹的主方向与该地区冬季的盛行风向平行。虽然有些石头的移动轨迹呈曲线，这也可以用风向的改变或者风与不规则形状的岩石相互作用来解释。

但是，并不能说风直接吹动了石块，因为这里有的石块重达300多千克，也移动了很长一段距离，这该如何解释呢？仅仅依靠风吹是肯定不行的。所以我们只能说，风是推动石头移动的力量之一，只是参与者，并不是唯一因素。

冰推动了石头吗

如果说风的力量还不够大的话，那冰的力量总可以吧？

美国斯克里普斯海洋研究所的地质学家为了破解死亡谷石头漂移之谜，专门建立了一座气象站，用以观察和记录降水情况，然后选定一些石头在其上方安装 GPS 定位跟踪器，用以记录它们的移动情况。除此之外，还在石头附近架设摄像机，仔细观察它们的每一个动作。刚开始他们观察了很久都没有收获，直到 2013 年 12 月的一天，他们捕捉到了石头的动静。当时死亡谷里下起了小雨，在湖泊中形成了一层厚度仅为 3~6 毫米的薄冰，浮在几厘米深的流水上方，在微风的吹动下，冰层推动石头慢慢移动。第二天统计数据时发现，有个别石头的最大移动距离竟然超过 60 米，真是令人难以置信。

这些地质学家解释说，冰块推动石头移动，不仅仅是冰块裹着石块一起移动，更重要的力量来自于温度升高造成浮冰破碎所产生的挤压力，他们听到的整个湖面上都有冰块"咔咔吱吱"的破裂声就是明显的证据。只不过这需要十分苛刻的条件，冰太厚不易破裂，或者阳光太足造成冰层过快融化，或者风向不稳定，都难以推动石头移动。所以他们认为，死亡谷石头的移动，是水、冰、太阳和风等因素共同造成的。

死亡谷的气候，向来是以炎热干燥而著称。1913 年 7 月 10 日，科学家曾在这里测量到了空气温度的世界最高纪录（56.7℃），这里还曾有过连续五天达到 54℃ 以上的热浪纪录，1972 年 7 月 15 日，科学家又在这里测量到了创纪录的地表温度（93.9℃），这使得死亡谷成为世界上最热的地方之一。不仅如此，死亡谷地势低洼，北美洲的海拔最低点恶水盆地（海拔 −86 米）也位于这里，低海拔的盆地环境进一步加剧了这里的高温和干旱，于是在谷底形成了多个盐度很高的盐湖以及干涸的湖床。对于死亡谷而言，降水和结冰并不常见，把石头漂移的原因归结为天气的变化，总感觉说服力不足。

微生物润滑了石头吗

对于第二种假说，西班牙马德里康普顿斯大学的研究人员表示反对。他们认为，死亡谷里盐湖的盐度太高，湖水很少能结冰，冰块推动石头移动只能算是偶然现象。对于风的力量，他们并不否认，只不过他们认为是冬季的强风吹动湖水形成的水流推动了石头。为了证明他们的观点，这些学者在西班牙托雷多的一个干涸湖泊上找到了相似的现象，那里有一块重达 7 千克的石头移动了 100 多米。除此之外，他们还提出了另外一个重要因素——微生物。在死亡谷的湖底，生活着许多微生物，诸如蓝藻等，它们能够分泌出一种光滑的物质，对湖底和石头都起到一种润滑作用。有证据表明，这些微生物的分泌物就分布在石头的移动路线上。

死亡谷这个名字其实名不副实，因为这里并不是真的一片死寂。尽管在死亡谷游客中心的展览厅进口处明确标注着"生命的禁区"，但这里依然生存着很多生物，例如蜥蜴、蛇类、鸟类等。在春天一段短暂的时间里，死亡谷会盛开许多美丽的野花，香飘四野，绚丽多姿，当地人赞美死亡谷的鲜花怒放是"难得一见的沙漠野花的盛会"。既然动物、植物都能在如此艰难的逆境中生存，那些繁殖力极强的微生物要存活和繁衍，更是不在话下。

以上假说究竟哪个才是正确的解释呢？迄今为止，仍然没有定

死亡谷国家公园的春天

论。现如今，死亡谷不仅成为受到保护的国家公园，而且由于这里自然地理环境独特，与火星颇有几分相像，美国航空航天局在这里建立了太空试验场，"好奇号"火星探测器就曾在这里进行模拟登陆试验，一年一度的"死亡谷火星节"更是吸引着世界各地的探险家前来探秘。我们相信，死亡谷的秘密终有一天会被解开。

3. 是谁劈开了试剑石

每当我们出门远游，不仅陶醉于山清水秀的自然风光，也会痴迷于曲折离奇的历史故事。正因如此，许多景区纷纷挖掘历史文化资源，打造出诸多妙趣横生的景观，遍地开花的试剑石就是其中最典型的一种。

试剑石究竟是一种什么样的景观，其背后隐藏着哪些真相呢？

数不尽的试剑石

在江苏省苏州市城区西北，有一座历史悠久的小山，早在2500多年前，春秋末期吴国君主阖闾便被埋在这里。传说阖闾下葬之后，有一只白虎蹲于其上，于是，这座小山便有了"虎丘"之名。自古以来，虎丘就有"吴中第一名胜"的美称，保存着许多名胜古迹，亭台楼阁随处可见，并且流传着许多跟吴王阖闾有关的故事。

相传，为了称霸天下，吴王阖闾找到当时最有名气的铸剑师干将、莫邪夫妇，为他铸造宝剑。二人历时三年，终于铸成一雄一雌两把宝剑，分别以"干将"和"莫邪"命名。得到宝剑，吴王欣喜若狂，挥剑一试，一块巨石便被劈为两半。从此之后，那块巨石就得名"试剑石"。时至今日，人们依然能够看到巨石中间那道又长又直的裂缝。

虎丘试剑石

实际上，作为一种自然景观名称，试剑石十分常见。除了虎丘之外，比较著名的还有广西桂林伏波山马援试剑石、山东日照五莲山关公试剑石、江苏镇江北固山刘备试剑石、安徽黄山朱元璋试剑石等，数量之多，不胜枚举。

我国还有很多地方流传着刀劈石、斧劈石的传说故事，尽管故事的主人公各有不同，但故事情节大同小异。例如，浙江普陀山的刀劈石传说是孙悟空与二郎神斗法时被二郎神举刀劈开的；陕西华山的斧劈石传说是《宝莲灯》故事里华山三圣母之子沉香劈山救母处。它们的主要特征基本一致，都是石头裂成两半，且裂缝笔直而平坦，宛若刀劈剑砍，惟妙惟肖。

是否真有劈石剑

对于各地涌现的试剑石，恐怕大家早就一头雾水了，情节相似甚至雷同的传说故事让人半信半疑，真相究竟如何已难以考证。更令人疑惑的是，历史上是否真的有能够劈开石头的宝剑呢？

在短兵相接的冷兵器时代，拥有一把"切金断玉、削铁如泥"的宝剑是所有将军、侠客和武士的梦想。据史料记载，上古时期，我国西北地区西戎部落能够制造出极其锋利的锟铻剑（也被称为昆吾剑）。《列子·汤问》记载："周穆王大征西戎，西戎献昆吾之剑、火浣之布。"西晋博物学家张华在《博物志》一书中引用《周书》的内容，记载有"西域献火浣布，昆吾氏献切玉刀"。由此可见，昆吾剑和切玉刀应该是同种利器，都有切玉如泥的神奇力量。不过，这样的神兵利器仅仅出现在各种神话传说和历史故事中，并未有流传下来的实物。

以现在的眼光来看，用宝剑劈开巨石，显然不太可能。要想劈开巨石，不仅需要手中宝剑的硬度超过岩石，更考验持剑者的力度，无论宝剑本身多么锋利，没有执剑者的千钧之力，根本不可能实现，"宝剑劈石"恐怕仅仅是人们喜闻乐见的道听途说而已。

地质作用才是劈石剑

我国各地形形色色的试剑石大小不一、形状各异，小的有几吨重，大的则重达上千吨，绝非人力所能劈开。所以，试剑石形成的原因只能是各种地质作用，包括构造运动、地震作用等内力作用和风化、剥蚀、搬运、沉积等多种外力作用。

从地质学看，绝大部分试剑石的形成都与岩石的节理有关。岩石在形成过程中以及形成之后都会受到各种外界力量的影响，导致原本完整连续的岩石之间产生许多大小不等的破裂面。倘若施加的作用力足够大，那么，破裂面两侧的岩石就可能发生明显的滑动位移，即我们常说的断裂；假如施加的作用力不够大，只是让岩石产生破裂而并没有造成滑动位移，这种破裂面就被称为节理。

- - - - - 唐王试剑石 - - - - -

河南焦作的云台山世界地质公园潭瀑峡有一块巨石，中间贯通一道笔直的裂缝，相传是李世民用宝剑劈开的，故而得名"唐王试剑石"。这块巨石足足有几千吨重，哪个人有那么大的力量能劈开它呢？实际上，它是从山崖上崩落下来的，在坠入沟底时，因受到强烈撞击，沿着节理面裂开形成了裂缝。这道裂缝之所以看起来异常笔直，正是因为原来的节理面十分平滑。类似的情况在当地十分常见。另有一块"蝴蝶石"更为奇特，很多年前的一块巨石从高陡的山崖上崩落，结果导致岩石沿着节理面裂成了两半，且左右两半几乎完全对称，看起来就像是振翅欲飞的蝴蝶。同理，苏州虎丘的试剑石的形成也与节理有关，它本是一块火山岩，在受到外力震动后沿节理面裂开，最终形成了现在的景观。

蝴蝶石，因外形像一双蝴蝶翅膀而得名

广西桂林伏波山有一处岩溶洞穴名为"还珠洞"，洞口处矗立着一根上粗下细的石柱，似乎在支撑着洞顶，承担着大山的重压；但走近观察后不难发现，其实这根石柱的底端并没有与地面相连，中间竟然还保留着极其狭窄的缝隙，光滑而又平整。相传，这是东汉的伏波将军马援为试剑锋而砍为两截。事实上，这根悬空的石柱是岩溶洞穴里的钟乳石，自洞顶下垂，随着水中碳酸钙的不断沉积，钟乳石越长越大，越来越靠近地面，并终将与地面相连，成为一根真正的石柱。

位于沙特阿拉伯泰马绿洲的阿纳斯拉巨石，是更为奇特的自然景观。这块长约9米、高约6米的巨石看上去就像是被激光从中间精准地切割成两半，每一半都矗立在小土堆形成的底座上，看起来摇摇欲坠，实际上却稳如泰山。有科学家认为，由于沙漠中强烈的风化作用导致岩石沿着节理面破裂，才形成阿纳斯拉巨石如今的模样。虽然这个形成过程听起来很简单，但仅凭自然的力量，竟然能够将它打磨得如此光滑、剖分得如此均匀，仍然令人觉得不可思议。

四

石头会"魔法"

1. 石柱是巨人搬来的吗

地球上有许多高大的石柱，它们通常密集排列，形状规则，有时裸露在大山脚下，有时屹立在大海之滨，成为一道神秘的风景。它们究竟是如何形成的呢？

神秘的"巨人堤"

英国的北爱尔兰地区与苏格兰地区隔海相望。传说中，北爱尔兰住着一位巨人名叫麦库尔，他想跨越大海走到苏格兰和对手决斗。他搬来了一根根巨大的石柱竖直插入大海中，建造了一道石堤，人称"巨人堤"。他的对手来到这道石堤前，当他看到麦库尔庞大的身躯时，不禁惊呆了，自知难敌麦库尔，情急之下落荒而逃，还踩坏了石堤。

如今，在英国北爱尔兰的大西洋海岸还残留着这样的石堤。它长约 6000 米，呈台阶状向大海延伸。令人感到惊奇的是，这段石堤是由六边形的石柱组成的，每根直径 38~50 厘米，一根紧挨一根，数量有 4 万多根。它们有的高出海面，有的与海平面持平，更多的则是淹没于水下，井然有序，气势磅礴。1986 年，该景观被联合国教科文组织批准列为世界自然文化遗产。

日落时分的北爱尔兰"巨人堤"

奇特的六方石柱

地质学家经过研究发现，"巨人堤"并非人工建造，而是大自然的杰作。"巨人堤"的石柱是玄武岩，这是一种很常见的火成岩。它是地下深处富含镁和铁的岩浆喷发后快速冷却形成的，这种岩浆的温度高达 1000~1200℃，黏度较小，也就意味着流动时受到的阻力较小，所以它从火山口喷出之后能够迅速流淌到很远的地方，覆盖较大的范围。

早在 6000 万年前，北爱尔兰发生了大规模的火山喷发，一股股灼热的岩浆从地下深部喷涌而出，沿着海岸像河流一样流向大海，后来汇入地表的一片洼地之中，形成了一个岩浆湖。随着岩浆温度不断降低，表面会形成无数冷凝收缩中心，岩浆向内部中心持续聚集。结构均匀的岩浆，其收缩中心呈均匀等距离排列，当它们彼此之间的裂隙裂开之后就形成了规则的六边形石柱；如果岩浆结构不均匀，则会形成不太规则的四边形或五边形石柱。后来，经过成千上万年的风化、剥蚀，就变成了我们今天看到的这副模样。

相似的地质景观

地球上火山众多，所以形成的六方石柱并不少见。

云南省腾冲县自古以来就以火山而闻名，因为这里地处欧亚大陆板块与印度大陆板块交会处，地壳运动十分活跃。在腾冲县曲石乡境内一片面积约 2 平方千米的范围内，布满了密密麻麻的石柱，颜色灰暗，大小不一，或直立，或倾斜，或弯曲，当地人称之为"神柱谷"，有时还写作"神助谷"。其实这是 4 万年前火山喷发的产物，而今天的曲石乡也正是由于这里的弯曲石柱而得名。

地质学家在我国香港东南部发现了一座超级火山，将它命名为"粮船湾超级火山"，最近一次火山喷发是在 1.4 亿年前，火山喷发结束之后塌陷形成的破火山口直径超过 20 千米。现今香港保存下来的许多地质奇观都是这次火山大爆发的产物，其中就包括许多天然石柱，主要位于香港西贡地区，覆盖面积达 100 平方千米，呈规则的六棱状，平均直径 1.2 米，有的超过了 3 米，高度通常为 40~50

米，最高者超过百米，有些近于垂直，有些遭到褶曲的影响而变成了S形。最壮观的六方岩柱位于万宜水库附近，为了便于游客观赏，这里专门建造了一条长1.4千米的步道。游客沿着步道缓缓前行，千奇百怪的岩柱、岩脉、褶皱、断层纷纷映入眼帘，令人目不暇接。

韩国济州岛的海岸边也有一片这样的自然奇观。济州岛中央的汉拿山是一座死火山，大约在120万年前，这里的海底火山开始喷发，约10万年前形成了汉拿山，山顶现存的白鹿潭（火山口湖）即

香港万宜水库的玄武岩石柱景观

韩国济州岛的柱状节理带

是当年火山活动的产物。在济州岛与海水相连处，有一片高10~40米不等的石柱，一根紧挨一根，有的是六边形，也有少部分是四边形、五边形，仿佛石匠雕刻而成。实际上，它们都是天然形成的玄武岩石柱。

此外，在我国广西岑溪市大业镇、浙江宁波市象山县花岙岛、山东青岛市即墨区马山、浙江衢州市衢江区湖南镇、吉林四平市山门镇、内蒙古乌拉特后旗、广东省湛江市龙塘镇、四川省乐山市峨眉山龙门洞、江苏省南京市六合区瓜埠山都有这种地貌景观，既可供地质学家研究，也可以供游客参观游览。

玄武岩的用途

玄武岩是一种结构致密的灰黑色岩石，在地球上分布十分广泛，但它外表平凡，很难引起我们的注意。地质学家研究发现，大洋中脊的板块边界地带是生成玄武岩的主要"工厂"，从大洋中脊裂谷带喷涌而出的玄武岩浆，在冷却过程中会因地球的磁场作用而被磁化，其磁化方向与地磁方向保持一致。因此，对于地质学家而言，它就像磁带录音机，记录着重要的磁场信息，地质学家可以据此研究地球的磁场变化，从而估算海洋扩张的历史。

玄武岩的主要矿物成分是斜长石、辉石和橄榄石，其中二氧化硅的含量为 45%~52%，偶尔会含有红宝石和蓝宝石，在它的气孔中还会充填铜、钴、硫黄、冰洲石、玉髓等，有时可形成具有工业价值的矿床。

在建筑工程中，玄武岩既可以作为铺路石、铁路道砟、雕塑用石，还可以用以制造混凝土。近年来，有学者

研究利用玄武岩制造一种特殊的纤维材料，简单地说就是在高温下将玄武岩"拉成丝"，它不仅能耐高温、抗氧化，而且原料充足、无污染，可以掺入混凝土中作为铺路材料。

2. 是谁摆下的巨石阵

传说，三国时期的蜀汉丞相诸葛亮用乱石创设了变幻莫测的"八阵图"，一旦有人被困入阵中就很难脱险。这毕竟是传说故事罢了，不过奇怪的是，世界上真有一些稀奇古怪的石阵，其中零乱地分布着许多大大小小的石头，充满了神秘气息，仿佛暗藏玄机。它们究竟是如何形成的呢？

海边沙漠的尖峰石阵

在澳大利亚西海岸的珀斯市西北大约 200 千米处，是著名的南邦国家公园，虽然面积不大，只有 192.68 平方千米，但这里有奇怪的岩石、流动的沙丘、古老的化石和美丽的海岸风光，成为当地最独特的自然景观，每年都会有许多世界各地的游客前来旅行和探秘。

在离海岸不远处的黄色沙漠中，无数久经风霜的尖顶石柱拔地而起，鳞次栉比，它们大小高低各不相同，高的超过 3 米，低的只是在地面上露出个头而已，如同一片干枯的丛林。当你身临其境时就会发现，它们看起来更像是科幻电影中的场景，脚下仿佛是一片外星球的土地。

1658 年，荷兰的探险家来到这里，从船上望见了这片石柱，以为发现了一座远古时代的城市废墟。几百年过去了，再没有什么人留意到它，直到 1934 年有人对这里进行实地考察时才发现了

- - - - - - - 澳大利亚的尖峰石阵

它的魅力，后来澳大利亚当地政府将其划为保护区，为它取名为尖峰石阵，又把它并入南邦国家公园，人们这才慢慢揭开它的神秘面纱。

尖峰石阵究竟是如何形成的呢？目前，科学家对这个问题仍然存在着争论，但主流的观点认为，植物在尖峰石阵形成过程中发挥了重要作用。科学家研究发现，这些石柱都是石灰岩，主要成分是碳酸钙，它们的原料来自海洋中的贝壳、珊瑚等生物。在很久以前，这里曾是一片茂密的森林，海浪不断地将细沙吹到岸边形成流动沙丘，而沙子中富含的碳酸钙沿着植物的根系向根部流动，并逐渐聚集，历经漫长的时光固结成为石灰岩。又过了很多年，随着沙丘的不断移动，下面隐藏的石灰岩柱就显露出来了。

戈壁滩的"魔鬼城"

甘肃省敦煌市玉门关西北有一座"魔鬼城"，面积近 400 平方千米，分布着许多造型奇特的自然景观，置身其中，仿佛走进了一座没落的中世纪古城，眼前那些形态各异的自然雕塑恰似古人遗留下来的文物，形象生动。

其实，这是一处典型的雅丹地貌。"丹"是红色的意思，但"雅丹"却与红色没有关系，它是由维吾尔语音译而来，原意为"具有陡壁的小丘"，地质学家称之为"风蚀垄槽"。在一些干涸的湖底，由于常年的定向风吹蚀，平坦的地面因干旱收缩而形成的裂缝就会逐渐扩大，最终形成与主风向平行的沟槽和垄脊，其中垄脊高至数米，沟槽宽 1~2 米，深度可达十余米，彼此相间排列，延伸几十米至数百米长。

总体上看，敦煌"魔鬼城"的地貌特征是一条土墩、一条沟槽相间分布，犹如劈波斩浪的舰队，又似满载货物的列车，千姿百态，蔚为壮观。所以，人们给它们起了很多有趣的名字，例如"列车凯旋""舰队出海""金狮迎宾""孔雀玉立""一柱擎天"等。每当夜幕降临时，呼啸的狂风扑面而来，眼前的这些石像犹如怒吼的野兽，让人胆战心惊，"魔鬼城"之名便由此而来。

雅丹地貌在全球许多干旱地区都有分布，仅中国境内就有 2 万多平方千米，主要分布在青海柴达木盆地西北部、甘肃省疏勒河中下游和新疆罗布泊周围。雅丹地貌一般发育在干涸的咸水湖盆：由

- - - - - - - 位于新疆的雅丹地貌

于气候干燥，湖泊萎缩干涸，强大的风力裹着沙粒吹蚀地面，在湖泊沉积物上面侵蚀出许多长条形的沟槽，沟槽之间则留下与之平行的垄状高地。

史前遗迹巨石阵

在英国的威尔特郡索尔兹伯里平原，有一片巨大石柱组成的同心圆环，直径约90米，中间是几十块高5~8米、重30~50吨的巨石，这就是世界闻名的神秘遗迹巨石阵。

关于巨石阵的成因，有人说它是外星人的杰作，有人说它是当地人祖先的墓葬或者纪念碑。还有学者根据计算机模拟，发现了巨石阵与太阳的特殊关系。每年的夏至日，当太阳初升时，太阳的位置恰好位于巨石阵的中轴线上。如果真是古人有意为之，那它堪称一座天文台。现在很多人认同这个观点，所以在每年的夏至日早晨，都会有数以千计来自世界各地的人们聚集在巨石阵，等待太阳升起。

2015年，考古学家发现了一个古代采石场，距离巨石阵200多千米，并找到了大量的证据，证明这就是巨石阵的石头来源地。可是在遥远的古代，人们如何切割和移动巨石呢？后来英国威尔士的科学家提出了一种新的观点，他们根据这里的地貌和沉积物特征，认为巨石阵并非人类建造，而是冰川活动形成的。这些巨石之所以排列成特殊的形状，是冰川将它们移动到此地之后，当地人又对巨石的位置进行了适当的调整。

＿＿＿＿＿＿＿ 日出时的巨石阵

　　待到巨石被移动到目的地之后，又是如何被矗立起来排列成规则的图形？关于这个问题，迄今仍没有准确答案，这成为令人匪夷所思的未解之谜。

3. 石蛋究竟是如何形成的

　　你见过鹅卵石吗？在浅浅的小溪里或者干涸的河滩上，经常会有层层堆叠的鹅卵石，它们有的坚硬粗糙却五彩斑斓，有的晶莹剔透、圆润如玉，十分讨人喜爱。这些小石头在水流中经过长年累月的冲刷，被磨去了棱角，所以变得像鹅蛋一样光滑。除了鹅卵石，自然界中还有很多天然的卵圆形岩石，不仅外表滚圆，而且块头很大，充满了神秘色彩。你知道它们是什么东西吗？在它们的背后究竟隐藏着什么样的秘密和故事呢？

真假"恐龙蛋"

我们先来听一个有趣的故事吧！

2005年的一天，有人在广东深圳的七娘山地区进行考察时，突然发现一块半裸露的圆形石头。咦？它深嵌在岩石中间，外形像颗很大的蛋，而且露出的部分还被剥去了一层外壳，莫非这是恐龙蛋的化石？后来，为了查明事情真相，地质专家对这块石头进行了仔细鉴定，所采用的鉴定方法是磨片，即从该石块上切下一小块，然后磨成薄片，在显微镜下观察它的成分。然而，鉴定结果表明，这块石头与以前鉴定过的恐龙蛋明显不同，它并不含有恐龙蛋化石所具有的独特结构和物质成分，只是一块普普通通的花岗岩而已。

花岗岩是地下岩浆在向上侵入时，在地壳深处冷凝形成的岩石。经过漫长的地质历史时期，当上层覆盖的岩石被剥蚀之后，花岗岩就会逐渐暴露出来。由于花岗岩是炽热岩浆的产物，在这种地质环境下根本不可能使"恐龙蛋"被快速掩埋、绝氧封存并且形成化石。绕了一圈，这枚"恐龙蛋"竟然是假货，真的令人大失所望啊！

或许会有人感到好奇：花岗岩为什么能变成卵圆形，以至于被人误以为是恐龙蛋化石？原因在于，花岗岩在强烈的地壳运动过程中难免会有一些节理和裂隙，流水、空气甚至各种微生物都会沿着这些裂隙侵入其中，使它变得支离破碎，在强烈的风化作用下逐渐朝着圆球形的方向发展，从而形成形状奇特的"石蛋"。

裂开的苹果岩

在新西兰南岛的北部海岸塔斯曼湾有一处花岗岩石球，但它裂成了左右对称的两个半圆，远远望去，就像一颗被切成两半的大苹果。根据当地原住民毛利人的传说，在很久以前，有两位巨人为了争夺这块圆石，曾在海边进行决斗，但他们势均力敌，相持不下，最后想出了一个折中的办法——将它一分为二。后来，毛利人给它起了个名字叫"裂开的苹果岩"。关于它的成因，地质学家认为，这

裂开的苹果岩

块巨石形成至今已历经 1.2 亿年，当时地球经历了寒冷的冰河时期，流水沿着裂缝进入花岗岩石球之后冻结成冰，持续膨胀，于是将石头撑破变成了两半。虽然这个形成过程听起来很简单，但仅凭自然的力量，竟然能够将它打磨得这么光滑圆润、剖分得这么均匀，仍然令人觉得不可思议。

在我国福建平潭县石牌洋景区，远远望去仿佛有一艘大船静止在海面上，走近之后才发现，原来这是一高一低两块巨石，像两面扬起的船帆，它们因此而得名"双帆石"。其实这也是花岗岩风化之后形成的石蛋，只不过不够浑圆而已。

会"下蛋"的岩壁

我国西南部的贵州省黔南布依族苗族自治州三都县，有一片长20 多米、高 6 米的山崖，崖壁凹凸不平，上面嵌着许多大大小小的圆形或椭圆形石头。奇怪的是，这些石头每隔一段时间就会掉落几颗，仿佛是慢慢发育成熟的"蛋"从山崖上生出来一样。这些石头，大个儿的直径为 30~50 厘米，可以达到几百斤重，小个儿的只抵得上一只拳头大小，它们质地坚硬，外形酷似恐龙蛋，表面还有类似于树木年轮的圆形花纹。所以，当地的老百姓给这片会"下蛋"的山崖取名为"产蛋崖"，人们认为这些圆蛋是吉祥的象征，几乎家家户户都会收藏几颗。

这些奇怪的石蛋究竟是什么东西呢？其实，这些石蛋是一种结核，是在沉积岩中形成的矿物质团块，通常是在周围的泥沙胶结形成岩石之前，它已经先行变成固体。也就是说，在沉积过程中，海水中的某些矿物质围绕着贝壳、鱼齿、珊瑚碎片等物质为核心层层凝聚，形成了这些团块，形态有球状、卵状及各种不规则状。后来，海水中的沉积物不断下沉、压实，形成了泥岩，里面就包裹了那些大大小小的结核。再后来，随着崖壁的风化、剥蚀，这些结核重见天日，就成了看似神秘的石蛋。

摩拉基大圆石

在新西兰南岛东海岸有个叫摩拉基的地方，每当退潮时，就会有许多奇怪的大圆石出现在海滩上，数量超过 50 个。地质学家发现，摩拉基大圆石大部分直径为 2 米左右，小部分直径不足 1 米，它们都是泥岩，矿物成分主要是黏土，但是圆石不同部位的胶结程度略有差异，外侧边缘部分胶结较为密实，越往内部越松散，甚至还有个别圆石是中空的。据此，地质学家判定，摩拉基大圆石也是一种结核。

结核的形成过程十分复杂，需要适宜的地理环境和物理化学条件。根据估算，直径 2 米左右的摩拉基圆石至少需要 400 万年的时间才能够形成，而且当时在海底要覆盖 10~50 米厚的海泥，才足以提供充分的矿物质。等结核形成以后，如果长时间暴露于水面之上则会出现脱水收缩的情况，导致圆石表面产生网状裂隙，这些裂隙后来又被其他矿物所填充，形成龟甲一样的花纹，俗称龟背石。

摩拉基大圆石并不是世界上唯一的海滩大圆石，地质学家在其

摩拉基大圆石 - - - - - - →

他地方也发现了类似的现象。比如，新西兰北岛赫基昂加港的沙滩上也有类似的圆石，最大的直径足足有 3 米；美国北达科他州的坎农博尔河沿岸也有直径约 3 米的大圆石，犹他州东北部和怀俄明州中部发现的大圆石直径则达到了 4~6 米，看上去十分惊人。

然而，也有一些石蛋让人匪夷所思。考古学家曾在欧洲某地的森林土壤里发现一个直径超过 3 米、重量达几十吨的巨大圆石，近乎完美的球形。有学者认为这是古文明的产物，代表了欧洲最古老的圆石加工技术，有的学者则认为这完全是大自然的杰作，是地质作用形成的。真相究竟如何，还需要科学家进一步研究。

说到这里，应该解开了大家心中的一些疑惑吧？自然界里那些看起来神秘而又有趣的天然石蛋，绝大部分都是风化的花岗岩，或

発现于波斯尼亚和黑塞哥维那的巨大石球

者是沉积岩中的结核，由于它们形成于特定的地质环境，身上会隐藏着一些有关古气候、古地理及古代地层演变的信息，所以对地质学家而言，它们具有重要的科研价值。

4. 撒哈拉大沙漠的神秘之眼

1965年，环绕地球的"双子座4号"的宇航员给地球拍下了很多精美的照片，其中在非洲一望无际的撒哈拉大沙漠中，宇航员发现一个巨大的圆圈，而且一环套着一环，直径足足有40多千米，仿佛是一只巨大的眼睛在凝视着太空，让人不寒而栗。这个神秘之眼就是著名的"撒哈拉之眼"。

经过处理的太空俯瞰图：撒哈拉之眼 - - - - - - -

因为"撒哈拉之眼"的特殊性，地质学家们称之为理查德构造，指的就是这种规模巨大的同心圆环状、侵蚀严重的构造。虽然已经研究了几十年，关于它的成因仍是未解之谜。

是消失的亚特兰蒂斯吗

当宇航员发现"撒哈拉之眼"的消息传出之后，有人欣喜若狂，他们相信传说中的亚特兰蒂斯古城终于找到了！

公元前350年，古希腊著名的哲学家柏拉图在其所著的《对话录》中，描述了一个名叫"亚特兰蒂斯"的神奇国度，这里又被称为大西洲或大西国，有高度发达的文明，人们拥有高智商，而且精通科学、哲学和艺术，他们将城池建成同心圆状，越靠近城中心居住的人身份越尊贵。然而，一场自然灾难毁灭了亚特兰蒂斯，繁荣富庶的城邦连同人们创造的文明社会一起沉入海底。

虽然有很多考古学家都曾宣称自己找到了传说中的亚特兰蒂斯遗迹，但都难以找到足够的证据让人信服。这一次发现的"撒哈拉之眼"同样如此，它位于非洲西北部毛里塔尼亚的沙漠中，四周除了漫天的黄沙和坚硬的砾石之外，并无半点人工建筑的痕迹。毕竟传说中的亚特兰蒂斯被毁灭时柏拉图还没有出生，他所记录的故事也是前人流传下来的，是否真实不得而知。所以，更多的人相信所谓亚特兰蒂斯只不过是一个神话传说而已，根本就不曾存在过。

是陨石撞击坑吗

其实，早在宇航员从太空发现这个神秘之眼之前，已经有人发现了这里的特殊现象。20 世纪 30 年代就有地质学家考察过这里，此后地质学家提出过很多种观点。其中最著名的观点认为这里是陨石撞击坑，并有地质学家在野外采集的岩石样品中发现了特殊的矿物——柯石英。

我们知道，地球表面有很多沙子，它的主要成分是石英，而柯石英和普通石英的化学成分一样，都是二氧化硅，但这种变种石英在地表非常少见。当陨石从遥远的外星经过长时间飞行来到地球，其速度大得惊人，它撞击地球时会形成冲击波，能够使岩石物质熔化、气化，引起矿物变化和强烈变形甚至变质。在地质学上，这种变质作用被称为冲击变质作用，其特点就是作用时间极短，定向压力很大，温度很高，它可使矿物晶体发生变形和破碎，会使一些岩石中的石英变成柯石英，所以，在地球表面的陨石坑里，往往能找到这些变种石英。因此，柯石英的存在是陨石撞击地球发生冲击变质作用的可靠判据。

然而，后来的进一步研究发现，当年的地质学家采集到的所谓柯石英，可能只是地球上常见的矿物重晶石（硫酸钡）而已，错误的检测结果导致了科学家的错误判断。

是火山口或者珊瑚礁吗

由于"撒哈拉之眼"实在是太大了，这里地势十分平坦，当你置身其中时，根本就觉察不到什么异常，只有从遥远的太空才能看清它的全貌。看到这样的景观，宇航员的第一感觉是，它可能与陨石撞击有关，如果排除了陨石坑的说法，那就还有可能是火山口。

火山口一般为漏斗状或碗状，位于火山锥的顶端，也就是说，必须有火山才会有火山口，但地质学家并未在这里发现火山喷发的痕迹，没有火山岩堆积起来的山包，没有火山灰遗迹，历史上更没有任何关于此地火山喷发的记载。

还有学者提出，"撒哈拉之眼"可能是古环礁，即古海洋中呈环状分布的珊瑚礁，中间有封闭的潟湖，后来历经漫长的地质变迁，岩层沉积填满潟湖，海洋退去之后遗留下奇怪的环状构造。当然，这也只是一家之言，并没有得到广泛认同。

是被侵蚀的穹窿构造吗

目前，被大多数学者所接受的一种观点是："撒哈拉之眼"是被侵蚀的穹窿构造。简单地说，就是地形抬升和侵蚀作用共同努力的结果。最初，一层一层的岩石先后沉积下来，后来地层深处的岩浆上涌，但没有喷出地表，巨大的力量将这里的地形顶起个鼓包。鼓起来的岩石变得破碎，长期遭受风化、侵蚀，逐渐又被削平，留下那些硬度较高、不易被侵蚀的石英岩凸显在地表形成明显的同心圆状，就像把一个煮熟的鸡蛋从中间削去一半，我们可以看清一圈一圈的蛋清和蛋黄，"撒哈拉之眼"就这样形成了。与之相似，我国著名的景区济南千佛山也是这样的穹窿构造，只不过侵蚀程度没那么严重，仍然是一座山丘。相反地，如果地层下陷，就会形成常见的盆地构造。

按照这种理论，在"撒哈拉之眼"的下方深处应该存在火成岩。而地质学家在 2005 年的研究已经证实了这一点，在其下方确实存在一个大型的火成岩侵入体。至于说为什么"撒哈拉之眼"能如此之大、如此之圆，仍让人觉得匪夷所思。现如今，有媒体把它称为全球十大最壮观的地质奇迹之一，吸引着越来越多的人去探索其中的奥秘。

5. 古道上的石窝之谜

在北京西郊的深山里，有人发现一条荒凉的小路，奇怪的是，路面上布满了密密麻麻的洼坑，有大有小，有深有浅，仿佛有人专门雕出来的，但它们的排列却又杂乱无章，没有什么规律可循。这究竟是怎么回事呢？

京西古道的神秘石窝

"枯藤老树昏鸦，小桥流水人家，古道西风瘦马。夕阳西下，断肠人在天涯。"在元代著名杂剧作家马致远的笔下，一首《天净

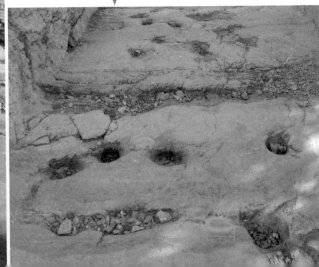

京西古道的石窝

沙·秋思》将暮色苍茫的寒秋和天涯游子的孤独描绘得淋漓尽致。看到"小桥""流水",你或许会以为这是在美丽的江南水乡,其实不然,马致远笔下的"古道"指的正是历史上著名的京西古道,位于北京市门头沟区。

这是一条狭窄的山中小道,宽 2 米左右,周围长满了低矮的小草,散落着一些零乱的石头,显得异常冷清。它从北京向西延伸至河北、内蒙古、山西等地,元朝和明朝时京城人口日益增多,商业繁盛,成千上万支驼队和马队踏过这里,日复一日、年复一年地运送煤炭、石材、琉璃等货物,成为一条十分重要的商旅和军事通道。

当我们走近古道,会看到坚硬的石头路面上深一个、浅一个的石窝,人们说那是马蹄等踩出来的马蹄窝,虽然岩石很坚硬,但经不住长年累月的摩擦和踩踏,至今仍在默默地向我们诉说着当年商业运输的繁忙。

石窝真的是马蹄踩出来的吗

正当人们沉醉于京西古道的历史古迹时,有人对石窝的形成提出了质疑。质疑者认为,这些石窝很不规则,形状各异,有的像马蹄子形状,还有很多是菱形或三角形,有些大的足以放进去两只脚,还有些只有硬币那么小。于是,他们得出结论,这些"马蹄窝"只不过是流水冲刷的结果,属于自然力量造成的。

该观点一经抛出就招致了强烈反攻。赞同马蹄窝说法的人认为:

首先，难以计数的驼队和马队从此地经过，是毫无争议的事实，例如河北石家庄附近的秦皇古道，城楼路面上仍然清晰地保留着深深的车辙。此外，我国西南边疆的茶马古道、连接湖南与广东的湘粤古道都有马蹄印保存下来，还有位于北京怀柔区的慕田峪长城，人类脚踏形成的痕迹都十分明显；其次，北方相对干旱，京西古道也不是位于河道之中，流水侵蚀并非持续不断，力量也十分有限，单靠流水侵蚀就形成洼坑实在让人难以置信。

于是，就出现了截然相反、针锋相对的两种观点。不可否认的是，每一种自然景观的形成都绝非一种因素单独造成的，只不过因素有主有次而已。京西古道上的石窝，应是生物与自然共同作用的结果，流水侵蚀岩石路面，马蹄进一步加速了岩石的磨损，从地质专业的角度来说，这都是改变地貌形态的外力。

流水侵蚀的"壶穴"

地球上还有一些石窝，与马蹄无关。2010 年 8 月，北京市延庆县（今已改为延庆区）大庄科乡在环境整治时，本想简单清理下山谷中白龙潭的泥土，不料越挖越深，刚开始人工挖掘，后来换了小型挖掘机，再后来又换成大型挖掘机，直到一个月后才挖掘完毕。结果发现，这个大坑好像一个圆形的坛子，直径和深度都超过 10 米，挖出的土方超过 2000 立方米，底部主要为圆球状、椭球状巨砾，最大砾径可达 2 米以上，周围是坚硬的花岗岩。后经地质学者精确测量，坑口直径约为 12 米，深约 16 米。更为奇特的是，在这

河床上的壶穴

样的圆坑底部中心，还保留有一个高约 5 米的残柱，呈螺旋形的多面锥体。

关于这个大坑的来历，人们说法不一。有人认为，这是人工开凿的历史遗迹；有人猜测，这是陨石撞出的石坑；还有人认为，它是冰川作用造成的。但更多的学者认为这是流水冲刷的产物。

在地质学上，有一个术语叫"壶穴"。壶穴是一种近似壶形的凹坑，一般位于基岩河床上。它由急流漩涡夹杂着砾石，因流动时形成的冲击力侵蚀河床而成。所以，在瀑布、跌水的陡崖下方，以及坡度较为陡峭的急滩上，时常可以发现壶穴的踪迹。世界上很多地方都存在这种特殊的地貌，在我国的浙江磐安县大盘山地质公园、河北保定顺平县白银坨景区及邢台天河山旅游风景区还发现有多处规模较大的壶穴群。其中，邢台天河山旅游风景区的壶穴群规模最大，共有 22 处壶穴，小的直径在 3~4 米，大的有 7~8 米，深度 3~4 米不等，形成时间都超过 10 万年。

无论石窝是不是马蹄踩出来的，无论它们是地质遗迹还是历史遗迹，都应当受到保护，通过它们，我们可以了解过去所发生的地质事件或历史事件，感受自然的巨大威力、人类的伟大力量。

6. 石头里的怪声

大自然中交织着无数种声音，有些悦耳动听，有些嘈杂刺耳，有些轻声细语，有些震耳欲聋，这些声音几乎每天都充斥在耳畔，我们早已司空见惯。但是，还有一些奇怪的声音因未找到明确的声源而显得十分神秘。接下来，就让我们一起走近那些发出怪声的地质奇观，探索它们背后隐藏的秘密。

石钟山：声如洪钟

在江西省湖口县，鄱阳湖与长江交汇的地方，有南、北两座小山，其中南边的叫上钟山，北边的叫下钟山，合称为石钟山或双钟山。虽然石钟山的个头并不大，但它所处位置特殊，自古以来就是兵家必争之地。在古时的战争中，谁要占领了这两座地势险要的山头，那就相当于锁住了长江和鄱阳湖的咽喉要道，进可攻，退可守，居高临下，一览无余，所以人们称赞它是"江湖锁钥"。

北魏地理学家郦道元发现，由于石钟山下面靠近深潭，微风振动波浪，水拍打石头，发出的声音好像敲大钟一般，故而得名石钟山。宋神宗元丰七年（1084 年）六月的一天，苏轼送他的长子苏迈到饶州德兴县任县尉，途经湖州时看到了石钟山。为了探索石钟山的奥秘，他趁着夜色和儿子苏迈一起乘着小船来到绝壁之下，在水上听到了如同敲钟击鼓一样的巨大声响，把船夫都吓得战战兢兢。苏轼仔细观察后发现，山下有很多空穴和缝隙，深浅不一，水波不断地涌进涌出，从而发出声响。苏轼觉得自己终于发现了石钟山声响的真相，于是就根据此次探险经历写下了流传千古的著名散文《石钟山记》。从此之后，石钟山的名气就越来越大了。

苏轼真的发现石钟山声响的真相了吗？在他之后，又有很多人来到石钟山进行考证，但是得出了不一样的结论。这就意味着，苏轼的观点可能也不完全正确。苏轼前往石钟山进行调查研究的时间正好是六月份，鄱阳湖水位升高，石钟山有一部分被淹没于水中，

无人机拍摄的石钟山远景 - - - - - - - -

此时难以观察它的全貌。明代著名地理学家罗洪先曾在嘉靖二十五年（1546年）春游览石钟山，当时湖水还没有上涨，山脚全都显露出来。罗洪先发现，上钟山和下钟山的形状都像钟，而上钟山尤为奇特，沿着山下的岩洞走进去，只见洞中到处是参差交错的钟乳石，犹如旗帜矛戟、珊瑚珍珠，闪耀着光芒，令人眼花缭乱。因此，他认为苏轼在乘船调查石钟山时没有看到山脚下的景象，并没有真正揭示石钟山的奥秘。正因为石钟山的形状像钟，内部是空的，而且崖壁上有石洞，水击石壁发生的声响才能远远地传出去。

石钟山上的石灰岩在含有二氧化碳的流水冲刷作用下，很容易被溶蚀，破碎的石块被不断地冲走，长此以往就被掏空形成了巨大的溶洞。这是典型的岩溶地貌，山中有洞，如钟覆地，洞中有水，声如洪钟，既有钟之形，又有钟之声，可能这才是石钟山真正的魅力所在吧！

神堂湾：山谷的回音

　　湖南省张家界的天子山景区的神堂湾，自古以来就以幽谷奇音而著称。传说，元末明初时的向大坤领导一支农民起义军在这里与敌军鏖战，后来寡不敌众，沙场战败，起义军士兵纷纷跳入神堂湾的绝壁之下。从此之后，人们就经常听到这里传来的阵阵喊杀声、战马嘶鸣声和擂鼓声。人们相信神堂湾谷底生活着巨大的蟒蛇和石蛙，但世代相传的"宁过鬼门关，不下神堂湾"的俗语让人们对其望而却步，几百年过去了，从未有人下到过神堂湾谷底。1994年，一支由美国、日本和德国组成的联合考察队曾专门来到这里探险，

- - - - - - - - 张家界神堂湾景观

最终也以一人失踪的结局而宣告失败，并未揭开这里的怪声之谜。

2012年，中央电视台《地理·中国》栏目组专程来到神堂湾，组织了专业的科考探险队和地质学家进行考察。探险队员顺着攀岩绳索深入山谷中，下降了600多米仍未到达谷底，但他们沿途详细观察了山谷的地形地貌特征。从上向下俯瞰，神堂湾呈半圆形，三面都是陡峭的崖壁，平整如刀削斧劈一般，只有一面开阔，山谷形似上小下大的葫芦，上部直径约30米，下部直径约60米，谷内幽深昏暗，时常大雾弥漫，崖壁间发现多条瀑布，汇成清澈的溪流，但未见鱼虾，也没有见到传说中的大蟒蛇和石蛙。探险队员在谷底说话时，回声很大，这就给破解神堂湾的秘密提供了线索。

对探险队员的调查资料进行分析之后，地质学家得出结论，神堂湾出现的所谓怪声其实就是气流和瀑布的回声而已。当空气穿过神堂湾的缺口进入葫芦形的峡谷，不断与崖壁摩擦发出声响，瀑布流水也在峡谷内形成巨大的回声。

芬格尔山洞：自带背景音乐

1772年8月，英国著名探险家约瑟夫·班克斯爵士乘船前往冰岛，路过英国苏格兰西海岸的赫布里底群岛，在一个名叫斯塔法的荒岛上停留，发现了一个奇怪的山洞。洞口是一个巨大的拱形，高达20多米，里面则像是一个大漏斗，深70多米，越往里走变得越小，而且洞底充满了海水。洞中全是高大的柱子，大多数呈六边形，彼此紧密连在一起，十分壮观。更不可思议的是，当海水从山洞中穿流时，拍打着其中的岩柱，发出的声响就像音乐一样动听。

这就是著名的芬格尔山洞。在苏格兰最古老的语言盖尔语中，人们称它为"悠扬的洞穴"。德国近代浪漫派音乐家门德尔松曾和朋友一起迎着暴风雨，乘船来到芬格尔山洞。当他看到洞里的光景就好像是巨大的管风琴内部的模样，而且洞中还不断地发出低沉的回响，门德尔松受到了极大的震撼，他忘记了寒冷与饥饿，脑海中浮现出一个个跳动的音符。后来，门德尔松根据这次难忘的旅行经历，创作出了经典音乐作品《芬格尔山洞序曲》（又名《赫布里底群岛序曲》），用旋律优美的音乐给大家描绘了一幅美妙生动的风景画。这幅画中有奇异的山洞，波涛汹涌的海浪，呼啸而过的海风，以及尖叫的海鸟，让人沉醉其中，犹如身临其境一般。

芬格尔山洞之所以能发出奇怪的声音，地质学家认为这是两方

-------- 芬格尔山洞远景

面因素作用的结果。一方面，这是火山喷发造成的。芬格尔山洞的岩石是玄武岩，当它从火山中喷出后冷凝时会形成柱状节理，从而将岩石分割成一定的几何形状。洞中那些规则的六方石柱，就是柱状节理造成的。另一方面，芬格尔山洞也是海水不断侵蚀的结果。芬格尔山洞紧靠海岸，海水不停地冲击拍打岩石，渗入岩石裂缝之中便会造成岩石逐渐开裂、剥落，从而慢慢形成洞穴。海浪和海风在洞中有节奏地冲击石柱，形成的声响以及回声就仿佛就有了乐感，让人陶醉其中，流连忘返。

对于每一个心怀好奇的人来说，对未知世界的想象最迷人，而探索大自然就像揭秘魔术一样，真相难免让人在恍然大悟后感到有些乏味。大自然中那些所谓神秘的声音，无非就是风声、水声或是动植物的声响，"怪力乱神"都只是故弄玄虚而已。